“十四五”职业教育国家规划教材

新能源类专业教学资源库建设配套教材

光伏技术应用

第三版

刘　靖　主编

李云梅　李咸浩　殷　侠　副主编

戴裕崴　主审

化学工业出版社

·北京·

内容简介

本书入选"十四五"职业教育国家规划教材,从太阳发光的基本过程出发,讲述了太阳辐射的特性,半导体与 PN 结基础,太阳能电池的原理、特性及设计,太阳能电池片和组件的装配,光伏系统的设计及其应用。书中配套了二维码,即扫即学。书中设有案例引学,旨在开阔学生视野,提升其职业素养。

本书不仅可以作为职业院校太阳能光伏等新能源相关专业的教材,也可作为新能源光伏工程技术人员和技术工人的培训教材和参考用书。

图书在版编目(CIP)数据

光伏技术应用/刘靖主编. —3 版. —北京:化学工业
出版社,2019.12(2024.8 重印)
新能源类专业教学资源库建设配套教材
ISBN 978-7-122-35802-8

Ⅰ.①光… Ⅱ.①刘… Ⅲ.①太阳能光伏发电-高等职业
教育-教材 Ⅳ.①TM615

中国版本图书馆 CIP 数据核字(2019)第 253603 号

责任编辑:刘 哲 　　　　　　　　　　装帧设计:韩 飞
责任校对:张雨彤

出版发行:化学工业出版社(北京市东城区青年湖南街 13 号 邮政编码 100011)
印 　装:三河市双峰印刷装订有限公司
787mm×1092mm 　1/16 　印张 11¼ 　字数 275 千字 　2024 年 8 月北京第 3 版第 7 次印刷

购书咨询:010-64518888 　　　　　　售后服务:010-64518899
网 　址:http://www.cip.com.cn
凡购买本书,如有缺损质量问题,本社销售中心负责调换。

定 　价:35.00 元

新能源类专业教学资源库建设配套教材

建设单位名单

天津轻工职业技术学院 (牵头单位)
佛山职业技术学院 (牵头单位)
酒泉职业技术学院 (牵头单位)

（以下按照汉语拼音排列）
包头职业技术学院
常州轻工职业技术学院
哈尔滨职业技术学院
湖南电气职业技术学院
兰州职业技术学院
乐山职业技术学院
秦皇岛职业技术学院
衢州职业技术学院

新能源类专业教学资源库建设配套教材

编审委员会成员名单

主 任 委 员：戴裕崴

副主任委员：李柏青　薛仰全　李云梅

主 审 人 员：刘　靖　唐建生　冯黎成

委　　　员（按照姓名汉语拼音排列）

陈文明　陈晓林　戴裕崴

段春艳　方占萍　冯黎成

冯　源　韩俊峰　胡昌吉

黄冬梅　李柏青　李良君

李云梅　廖东进　林　涛

刘　靖　刘秀琼　皮琳琳

唐建生　王春媚　王冬云

王技德　薛仰全　张　东

张　杰　张振伟　赵元元

随着传统能源日益紧缺，新能源的开发与利用得到世界各国的广泛关注，越来越多的国家采取鼓励新能源发展的政策和措施，新能源的生产规模和使用范围正在不断扩大。《京都议定书》签署后，新的温室气体减排机制将进一步促进绿色经济以及可持续发展模式的全面进行，新能源将迎来一个发展的黄金年代。

当前，随着中国的能源与环境问题日趋严重，新能源开发利用受到越来越高的关注。新能源一方面可以作为传统能源的补充，另一方面可以有效降低环境污染。我国新能源开发利用虽然起步较晚，但近年来也以年均超过 25％的速度增长。自《可再生能源法》正式生效后，政府陆续出台一系列与之配套的行政法规和规章来推动新能源的发展，中国新能源行业进入发展的快车道。

中国在新能源和可再生能源的开发利用方面已经取得显著进展，技术水平已有很大提高，产业化已初具规模。

新能源作为国家加快培育和发展的战略性新兴产业之一，国家已经出台和即将出台的一系列政策措施，将为新能源发展注入动力。随着投资光伏、风电产业的资金、企业不断增多，市场机制不断完善，"十三五"期间光伏、风电企业将加速整合，我国新能源产业发展前景乐观。

2015 年根据教育部教职成函【2015】10 号文件《关于确定职业教育专业教学资源库 2015 年度立项建设项目的通知》，天津轻工职业技术学院联合佛山职业技术学院和酒泉职业技术学院以及分布在全国的 10 大地区、20 个省市的 30 个职业院校，建设国家级新能源类专业教学资源库，得到了 24 个行业龙头、知名企业的支持，建设了 18 门专业核心课程的教育教学资源。

新能源类专业教育教学资源库开发的 18 门课程，是新能源类专业教学中应用比较广、涵盖专业知识面比较宽的课程。18 本配套教材是资源库海量颗粒化资源应用的一个方面，教材利用资源库平台，采用手机 APP 二维码调用资源库中的视频、微课等内容，充分满足学生、教师、企业人员、社会学习者时时、处处学习的需求，大量的资源库教育教学资源可以通过教材的信息化技术应用到全国新能源相关院校的教学过程，为我国职业教育教学改革做出贡献。

戴裕崴

2017 年 6 月 5 日

第三版前言

光伏技术应用
GUANGFU JISHU YINGYONG

　　本教材是"十二五"职业教育国家规划教材的修订版，入选"十三五"职业教育国家规划教材、"十四五"职业教育国家规划教材，增加了对《国家电网公司光伏电站接入电网技术规定》的讲解，增加了太阳能电池片制造工艺内容。

　　本教材以培养高技能型人才为目标，深入贯彻二十大精神与理念，落实立德树人根本任务，在注重基础理论教育的同时，突出实践性教育环节，力图做到深入浅出，便于教学，突出高等职业教育的特点，适合高职高专工科学生使用。

　　"光伏技术应用"是太阳能光伏相关专业学生学习的专业基础课程，是学习光伏技术的入门课程。本书从太阳发光的基本过程出发，论述了光电伏特效应的基本原理，与前序课程电力电子技术、单片机控制技术等紧密结合，实现光伏技术应用的学习。本教材遵循以项目为导向的教学方法，每个学习情境都有一个具体项目，通过这个项目的学习，使学生对本学习情境内容有个总体的了解，也使学生增强学习兴趣。每个学习情境均设有案例引学，旨在开阔学生视野，提升其职业素养。通过本教材的学习，能够对光伏技术建立清晰的认知，初步掌握其实用技术，并具备在实践中进一步应用的能力。

　　本书在编写过程中，感谢教育部高职高专新能源装备技术类专业指导委员会的指导，感谢中国化学与物理电源行业协会刘彦龙秘书长及相关工作人员、中国电子科技集团第十八研究所李文滋副总工程师和工程技术人员对编写工作的支持与指导，感谢天津蓝天太阳能科技有限公司穆杰总经理以及工程技术人员的支持，感谢常州尖能光伏科技有限公司杨泽民正高工为本书编写提供大量资料和实例，并感谢化学工业出版社对本书的出版给予的鼎力支持。

　　本书与新能源类专业教学资源库配合使用，资源库中有相应的学习资料。本教材配有二维码，可以即扫即学。本教材配套的 PPT 课件可在 www.cipedu.com.cn 免费下载使用。

　　本书可作为职业院校新能源相关专业的学生的教材及参考书，并对光电子、电气自动化、机电等相关领域工作人员有一定的参考价值。

　　本书由刘靖任主编，李云梅、李咸浩、殷侠任副主编，戴裕崴主审。刘靖完成一、二、三、四、十情境编写，殷侠完成五情境编写，李咸浩、张适阔负责六、七情境编写，沈洁完成八、九情境编写，李云梅、刘靖、赵元元、孙艳完成相关微课、视频、互动系统、电子教材等内容制作。

　　限于编者水平，书中定有不少疏漏，恳请广大读者不吝赐教。

编者

光伏技术应用（第三版）
-课件

目　录

太阳光特性与应用

 学习目标

1. 了解光的波粒二象性、黑体辐射、太阳辐射的基本原理。

2. 掌握日照数据及估算温室效应产生、太阳的视运动规律、直接辐射和漫射原理。

 **学习任务**

为设计适当的光伏系统，良好的日照数据（即光照量）对于每一个地区都是至关重要的。例举所在地（国家或省、市、自治区）近5年的日照数据，描述来源以及特征，并计算在 AM 1.5 光照情况下，高 1m 的垂直的杆投影的长度；6月21日（夏至）天津市（北纬 38°34′～40°15′，东经 116°43′～118°04′；市中心北纬 39°10′，东经 117°10′）和旧金山（北纬 38°）正午太阳的高度；夏至正午西安地区（东经 107°40′～109°49′，北纬 33°39′～34°45′）直接辐射的阳光落在与日地连线垂直的平面上时的强度是 90mW/cm²，计算在面向南面与水平成 40° 角的平面上的直接辐射强度。

思政课堂

七色光，是太阳光经过三棱镜后形成按红、橙、黄、绿、蓝、靛、紫顺序连续分布的彩色光谱。牛顿通过坚持不懈的研究，终于弄清楚了七色光的奥秘，他透过现象研究本质，并基于这一理论制作了一架凹凸透镜组合的望远镜。牛顿用他的"坚持"取得了成功，也为我们树立了一个很好的榜样。

案例引学

牛顿与七色光

引导问题

1. 什么是单色光？白光是白色的单色光吗？光的颜色由什么来确定？

2. 光的特性是什么？所产生的波包或光子的能量 E 的表达式是什么？

3. 任何地点的大气光学质量如何计算？

1.1　光及其特性的认识

我们能看见的光大多数都是复合光，太阳光、白炽灯光和荧光灯光都是复合光，只有激光或者同步辐射或者原子光谱等才是单色光，火光也是复合光。凡是复合光，透过三棱镜都会发生色散。彩色灯泡的原理是将钨丝发出的光滤过彩色玻璃，彩色玻璃将吸收与它不同色的光，透出和自己同色的光。

光线中包含不同频率的光，则为复合光。如果只含有一种频率的光，则为单色光，如激光。单色性是频率的宽度，越窄单色性越好。

白光是可见光中各色光的混合，当然也可以说白光的频率宽度覆盖了可见光的区域，覆盖了可见光中的各种单色光，所以做色散的时候，三棱镜可以分出各种颜色的光。三棱镜的作用相当于把频率表示成偏转角的函数而已，所以白光单色性当然差。光源发出的复合光经单色器分解成按波长顺序排列的谱线，形成光谱。

测量谱线的仪器一般用一种像显微镜样的谱线测量仪器，标准物是铁，将被测物质的谱线与铁的相对比即可得知。几乎现在自然界中的物质都已经有了各自的发射光谱图，通过查表可了解更多的图谱信息。所以现在最多的是将被测物的光谱图与铁的摄在一张相片上，放在阅谱镜下观看。

光的特性

光的颜色是由光的波长（或频率）决定的，见表 1-1。而透明体的颜色是由它折射（即透射）光的颜色决定的，例如红色玻璃，对红光折射系数很大，对其他光的吸收系数也很大，所以红光发生折射而其他光大部分被吸收。而无色透明体，它对各种单色光的折射都是同样的强（折射系数都很大），吸收系数都很小。

表 1-1　各种可见光所对应的波长

序号	光色	波长范围 λ/nm	中心波长/nm	序号	光色	波长范围 λ/nm	中心波长/nm
1	红(Red)	610~700	660	5	青(Cyan)	490~501	495
2	橙(Orange)	590~610	600	6	蓝(Blue)	450~490	470
3	黄(Yellow)	570~590	580	7	紫(Violet)	400~450	420
4	绿(Green)	501~570	550				

在过去的几个世纪里，围绕着表面上相互冲突的两派学说，人们对光的本性的认识产生了反复的变化。针对量子理论的进化史，Gnbben 作出了深入浅出的描述。在 17 世纪后期，牛顿所主张的"光是由微小粒子组成的"观点开始盛行。到了 19 世纪早期，菲涅耳的实验发现了光的干涉效应，表明光是由波组成的。直到 19 世纪 60 年代，麦克斯韦的电磁辐射理论被接受，光被认为是由不同波长组成的电磁波谱中的一部分。1905 年，爱因斯坦阐释了光电效应，他指出光是由不连续的粒子或能量子组成的，既是粒子又是波，光同时具有这两种对立而互补的性质，这一观点现在已被广泛接受。这一理论也被称为波粒二象性，且可总结为下列等式：

$$E = hcf = hc/\lambda \tag{1-1}$$

频率是 f 或波长是 λ 的光，所产生的波包或光子的能量是 E，h 是普朗克常量（6.626×10^{-34} J·s），c 是光速（3.00×10^{8} m/s）。

在定义光伏或太阳能电池特性时，光有时被作为波来处理，其余情况下作为粒子或光子处理。

1.2　热辐射与波的认识

黑体对于辐射来说是一个理想的吸收体或发射体。当它被加热后，开始发光，也就是说，开始发出电磁辐射。一个典型的例子就是金属的加热，金属温度越高，发射光的波长越短，发光的颜色由最初的红色逐渐变为白色。

传统物理无法解释由此类发热体发出的光的波长及能谱分布。尽管人们当时对黑体辐射的物理机制一无所知，然而，1900 年，由普朗克所推导的一个数学表达式描述了这个能谱分布。5 年后，爱因斯坦用量子理论做出了解释，黑体的光谱辐射功率是指从 λ 到 $\lambda+\mathrm{d}\lambda$ 极小的波长变化范围内每单位面积辐射的功率，它服从普朗克分布：

$$E(\lambda,T)=\frac{2\pi hc^2}{\lambda^5\{\exp[hc/(\lambda kT)]-1\}}\tag{1-2}$$

式中，k 是玻耳兹曼常数，E 的量纲是单位面积单位波长的功率。黑体的总辐射功率，由单位面积所辐射的功率所表示，这个单位面积总辐射功率可以通过对式（1-2）积分而得到，以波长作自变量，从零到正无穷大进行累积，结果是 $E=\sigma T^4$，σ 是斯忒藩-玻耳兹曼常数。

图 1-1 描述了在不同温度时黑体表面所观测到的辐射能谱分布。最低的曲线表示的是被加热到 4500K 的黑体，温度大约是正常工作时白炽灯钨丝的温度，处于辐射能量峰值的波长约是 750nm，属于红外波段。在这种情况下，在可见光波段（400～800nm）只有少量的能量发射，这正是白炽灯效率低下的原因。将辐射峰值波长移动到可见光谱内需要极高的温度，超过绝大部分金属的熔点。

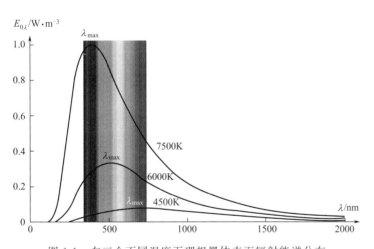

图 1-1　在三个不同温度下理想黑体表面辐射能谱分布

学习笔记

1.3　到达地面的热辐射

太阳是一个通过其中心核聚变反应产生热量的气体球，内部不断进行热核反应，温度高达 2×10^7 K，从而释放出巨大能量。人们肉眼所见到的光耀夺目的太阳盘表面叫"光球"，"太阳能"的绝大部分是由此发射出来的。光球以电磁波的形式向宇宙空间辐射能量，总称为太阳辐射。太阳辐射的总功率为 3.8×10^{26} W，而到达地面的太阳辐射总功率为 1.7×10^{17} W，仅占太阳总能量的二十亿分之一。如图 1-2 所示，内部强烈的辐射被靠近太阳表面的一层氢离子所吸收，能量以对流的形式穿透并通过这层光阻，然后在太阳的外表面的光球层重新向外辐射。如图 1-3 所示，这个辐射强度接近于温度为 6000K 的黑体辐射。

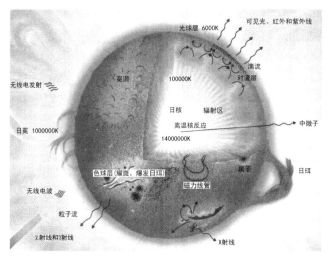

图 1-2　太阳内部的不同区域

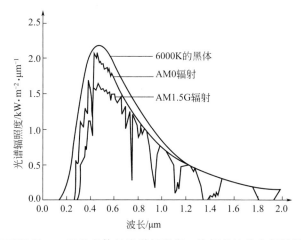

图 1-3　表面温度 6000K 的黑体的光谱辐照度，恰好是地球大气层以外位置所
观察到的太阳光球层的光谱辐照度（AM0），以及穿透 1.5 倍于地球大气层
垂直厚度之后的太阳光球层的光谱辐照度（AM1.5G）

1.4　影响太阳辐射的因素

影响太阳辐射的
因素

到达地面的太阳能量的大小，以及如何确定投射在某地采光面上的太阳辐照度的量值，是太阳能利用需要首先解决的一个基本问题。太阳的表面辐射水平几乎恒定，但是当到达地球表面时，太阳光受地球大气层的吸收和散射作用影响强烈，因而成为变量。

当天空晴朗，太阳在头顶直射且阳光在大气中经过的光程最短时，到达地球表面的太阳辐射最强。如图 1-4 所示，这个光程可用 $1/\cos\theta_s$ 近似，θ_s 是太阳光和本地垂线的夹角。这个光程一般被定义为太阳辐射到达地球表面必须经过的大气光学质量 AM（air mass），因此

$$AM = 1/\cos\theta_s \tag{1-3}$$

这是基于对均匀无折射的大气层的假设，在接近地平线时将引入大约 10% 的误差。更加精确的公式，考虑到了光线通过密度随大气高度变化的大气层时的弯曲路径。

当 $\theta_s = 0°$ 时，大气光学质量等于 1 或称 AM1；当 $\theta_s = 60°$ 时，则是大气光学质量是 2 或 AM2 的情况。AM1.5（相当于太阳光和垂线方向成 48.2° 角）为光伏业界的标准。

任何地点的大气光学质量可以由下列公式估算：

$$AM = \sqrt{1+(s/h)^2} \tag{1-4}$$

如图 1-5 所示，s 是高度为 h 的竖直杆的投影长度。太阳光在大气层外（即大气光学质量为零或者 AM0）和 AM1.5 时的光谱能谱分布如图 1-6 所示。AM0 从本质上来说是不变的，将它的功率密度在整个光谱范围积分的总和，称作太阳常数，它的公认值是

$$\gamma = 1.3661 \text{kW/m}^2 \tag{1-5}$$

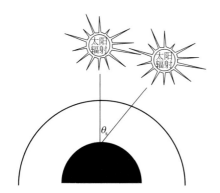
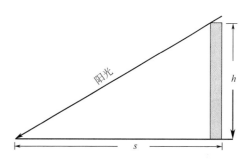

图 1-4　太阳辐射所穿过的大气厚度（大气光学质量）取决于太阳在天空中的位置

图 1-5　利用已知高度的物体的投影估算大气光学质量

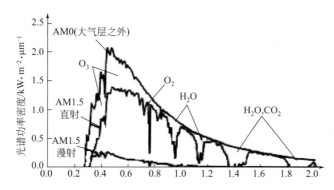

图 1-6　在大气层外（AM0）和地球表面（AM1.5）时太阳光的光谱功率密度，反映出不同的大气成分的吸收

通常情况下，将来自太阳本身的直射光束和来自天空的漫射光分开进行考虑，两者的总和被称作全局辐射（或称总辐射）。表 1-2 中给出的数据描述了在大气光学质量为 AM1.5 时，位于地面上的一个仰角为 37°、面向赤道平面所接收到的全局辐照量和波长的对比。由于不同种类的太阳能电池对不同波长的光响应各不相同，该表可被用来估算不同电池的潜在输出电力。

表 1-2   标准 AM0、全局 AM1.5 以及直接环日 AM1.5 光谱

波长/nm	AM0 /W·m^{-2}·nm^{-1}	全局 AM1.5 /W·m^{-2}·nm^{-1}	直接环日 AM1.5 /W·m^{-2}·nm^{-1}
280	8.2000E−02	4.7309E−23	2.5261E−26
290	5.6300E−01	6.0168E−09	5.1454E−10
300	4.5794E−01	4.0205E−03	4.5631E−04

总的能量密度，也就是对整个波长范围的功率密度的积分，接近 $970W/m^2$。这个光谱或能量密度为 $1000W/m^2$ 的"归一化"光谱，是现阶段划分光伏产品等级的标准。后者在数值上接近地球表面所接收到的最大功率值。与归一化光谱相对应的功率和光子流密度可以通过将参考数值乘以系数 1000/970 而获得。

为了评定太阳能电池或组件在实际系统中的性能，上面讨论的标准光谱必须与系统安装地点的实际的太阳光照水平相联系。

1.5   人类活动与温室效应

什么是温室效应

温室效应

为了保持地球的温度，地球从太阳获得的能量必须与地球向外的热辐射能量相等。与阻碍入射辐射类似，大气层也阻碍向外的辐射。水蒸气强烈吸收波长为 $4\sim7\mu m$ 波段的光波，而 CO_2 主要吸收的是 $13\sim191\mu m$ 波段。大部分的出射辐射（70%）从 $7\sim13\mu m$ 的"窗口"逃逸。

如果人们居住的地表像在月球上一样没有大气层，地球表面的平均温度将大约是 $-18℃$。然而，大气层中有天然背景水平为 $270mg/m^3$ 的 CO_2，这使得地球的平均温度大约在 $15℃$，比月球表面平均温度高出 $33℃$。

人类活动与温室效应

人类的活动增加了大气中"人造气体"的排放，这些气体吸收波长的范围是在 $7\sim13\mu m$，特别是二氧化碳、甲烷、臭氧、氮氧化合物和氯氟碳化物（CFCl）等。这些气体阻碍了能量的正常逃逸，并且被广泛认为是造成地表平均温度升高的原因。可以预见，温室效应对人类和自然环境将产生大范围的严重影响。

1.6   地球运动与逐日系统

1.6.1   地球的运动规律

地球绕其自转轴的旋转运动，叫做地球的自转。地球自转的方向是自西向东。从地轴北端或北极上空观察，地球呈逆时针方向旋转；从地轴南端或南极上空观察，地球呈顺时针方向旋转。地球自转一周 $360°$ 所需的时间为 23 时 56 分 4 秒，这叫做 1 恒星日。

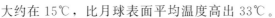

地球自转

如图 1-7 所示，地轴与黄道平面的交角为 $66°34'$，赤道平面与黄道平面的交角为 $23°26'$。地球在公转的过程中，地轴的空间指向和黄赤交角的大小，在一定时期内可以看做是不变的，因此，地球在公转轨道的不同位

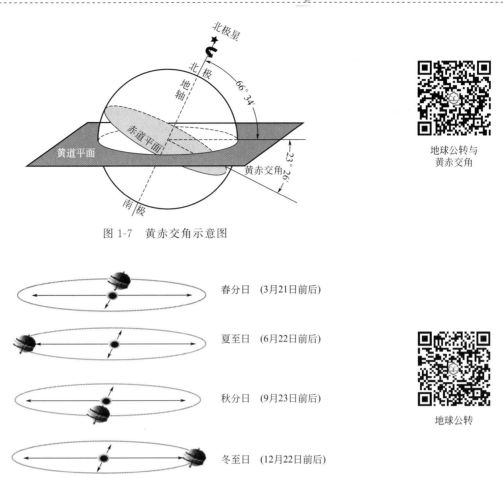

图1-7 黄赤交角示意图

地球公转与
黄赤交角

春分日 （3月21日前后）

夏至日 （6月22日前后）

秋分日 （9月23日前后）

地球公转

冬至日 （12月22日前后）

图1-8 地球公转示意图

置，地表接受太阳垂直照射的点（简称太阳直射点）是有变化的。如图1-8所示，从冬至到第二年夏至，太阳直射点自南纬23°26′向北移动，经过赤道（春分时），到达北纬23°26′；从夏至到冬至，太阳直射点自北纬23°26′向南移动，经过赤道（秋分时），到达南纬23°26′。太阳直射点在赤道南北的这种周期性往返运动，称为太阳直射点的回归运动。太阳直射点回归运动的周期为365日5时48分46秒，叫做1个回归年。

1.6.2 太阳自动跟踪

直接控制太阳能自动跟踪系统可以采用两种方式：一是使用一只光敏传感器与施密特触发器或单稳态触发器，构成光控施密特触发器或光控单稳态触发器，控制电机的停、转；二是使用两只光敏传感器与两只比较器，分别构成两个光控比较器，控制电机的正反转。由于一年四季、早晚和中午环境光和阳光的强弱变化范围都很大，所以上述两种控制器很难使太阳能接收装置四季全天候跟踪太阳。这里所介绍的控制电路包括两个电压比较器，设在其输入端的光敏传感器则分别由光敏电阻串联交叉组合而成，每一组光敏电阻中的一只为比较器的上偏置电阻，另一只为下偏置电阻；一只检测太阳光照，另一只则检测环境光照，送至比较器输入端的比较电平始终为两者光照之差。所以，这种控制系统能使太阳能接收装置四季全天候跟踪太阳，而且调试十分简单，成本也比较低。

实例 1　传感器测光电路原理

逐日控制系统电路原理图如图 1-9 所示,双运放 LM393 与 R_1、R_2 构成两个电压比较器,参考电压为 V_{DD}(+12V)的 1/2。光敏电阻 RT1、RT2 与电位器 RP_1 和光敏电阻 RT3、RT4 与电位器 RP_2 分别构成光敏传感电路,该电路的特殊之处在于能根据环境光线的强弱进行自动补偿。如图 1-10 所示,将 RT1 和 RT3 安装在垂直遮阳板的一侧,RT4 和 RT2 安装在另一侧。当 RT1、RT2、RT3 和 RT4 同时受环境自然光线作用时,RP_1 和 RP_2 的中心点电压不变。如果只有 RT1、RT3 受太阳光照射,RT1 的内阻减小,LM393 的 ③脚电位升高,①脚输出高电平,三极管 VT_1 饱和导通,继电器 J_1 导通,其动触点 3 与静触点 1 闭合。同时 RT3 内阻减小,LM393 的 ⑤脚电位下降,J_2 不动作,其动触点 3 与静触点 2 闭合,电机 M 正转;同理,如果只有 RT2、RT4 受太阳光照射,继电器 J_2 导通,J_1 断开,电机 M 反转。当转到垂直遮阳板两侧的光照度相同时,继电器 J_1、J_2 都导通,电机 M 才停转。在太阳不停地偏移过程中,垂直遮阳板两侧光照度的强弱不断地交替变化,电机 M 转→停、转→停,使太阳能接收装置始终面朝太阳。4 只光敏电阻这样交叉安排的优点是:LM393 的 ③脚电位升高时,⑤脚电位则降低,LM393 的 ⑤脚电位升高时,③脚电位则降低,可使电机的正、反转工作既干脆又可靠。另外,这样安排可直接用安装电路板的外壳兼作垂直遮阳板,避免将光敏电阻 RT2、RT3 引至蔽荫处的麻烦。

使用该装置,不必担心第二天早晨它能否自动退回。早晨太阳升起时,垂直遮阳板两侧的光照度不可能正好相等,这样,上述控制电路就会控制电机,从而驱动接收装置向东旋转,直至太阳能接收装置对准太阳为止。

📝 学习笔记

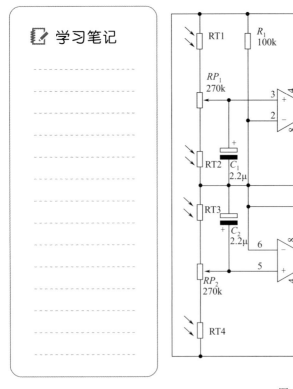
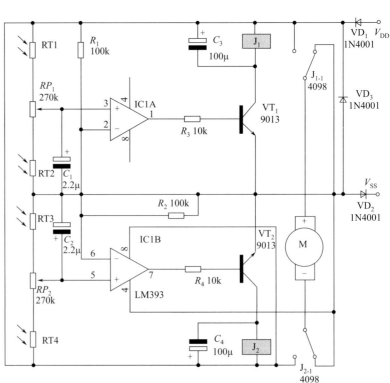

图 1-9　逐日控制系统电路原理图

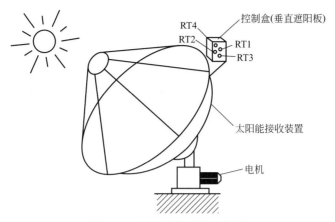

图 1-10　逐日控制系统结构图

　　整个太阳能接收装置的结构如图 1-10 所示。兼作垂直遮阳板的外壳最好使用无反射的深颜色材料，4 只光敏电阻的参数要求一致，即亮、暗电阻相等且成线性变化。安装时，4 只光敏电阻不要凸出外壳的表面，最好凹进一点，以免散射阳光的干扰。垂直遮阳板（即控制盒）装在接收装置的边缘，既能随之转动，又不受其反射光的强烈照射。调试时，首先不让太阳直接照到 4 只光敏电阻上，然后调节 RP_1、RP_2，使 LM393 两正向输入端的电位相等且高于反向输入端 0.5～1V。调试完毕后，让阳光照到垂直遮阳板上，接收装置即可自动跟踪太阳了。

实例 2　单片机软硬件结合电路原理

（1）太阳跟踪器硬件设计

　　图 1-11 为跟踪控制系统的原理框图。单片机循环检测，通过光电检测模块所采集的信号判断工作模式。阴天时，选择视日运动轨迹跟踪，通过读取时钟模块的日历时间信息，计算此时本地太阳的高度角与方位角，进而通过单片机发出指令，驱动电机转动跟踪；晴天时，选择光电跟踪模式，通过光电检测模块检测到的信号，驱动电机旋转跟踪。

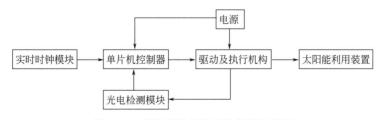

图 1-11　跟踪系统单片机控制原理框图

（2）单片机

　　选择性价比较高的单片机为控制核心，例如具有 RISC 结构的高性能、低功耗的 8 位 AVR 微处理器或具有 SOC 结构的高性能 Cygnal 微处理器等。最少应具有 3 个定时器、3 通道 PWM、10 位 A/D 转换器、2 个可编程的串行 USART、SPI 串行接口、I^2C 接口等功能模块。太阳跟踪器可采用单片机内部的 A/D 采样、PWM 通道、I^2C 接口等功能模块，从而简化程序编程。

(3) 光电检测模块

利用光敏电阻在光照时阻值发生变化的原理,将4只完全相同的光敏电阻分别放置于太阳光接收器的东、南、西、北方向,负责侦测这4个方向的光源强度。如果太阳光垂直照射太阳能电池板,东、西(南、北)2只光敏电阻接收到的光照强度相同,其阻值完全相等,此时电动机不转动。当太阳光方向与电池板的法线有夹角时,接收光强多的光敏电阻阻值减小,信号采集电路采集到光敏电阻的信号差值,控制电路将其差值转换成控制信号,驱动电动机转动,直至2只光敏电阻上的光照强度相同。

图1-12是光电检测模块的俯视图,共由5只光敏电阻组成,正中央1只,旁边4只围成一圈。左、右2只光敏电阻(A、B)检测太阳方位角的变化,上、下2只(C、D)检测太阳高度角的变化。中间1只用于检测环境亮度,判断白天还是晚上,晴天还是阴天。图1-13是五路光敏电阻与单片机的连接电路,电源电压经光敏电阻和定值电阻分压后送入ADCx端。

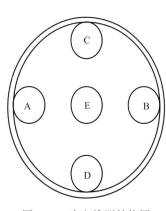

图1-12　光电检测结构图

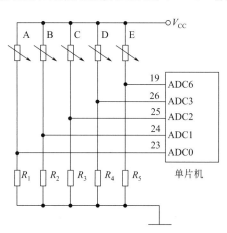

图1-13　五路光敏电阻与单片机的连接电路

控制系统软硬件详细内容,可根据实际选用的单片机型号以及外电路不同具体考虑,建议使用具有数模转换ADC功能、自动PWM波输出(PCA结构)的单片机。

1.7　计算日照数据

根据斯蒂芬-波尔兹曼定律可以算出日-地距离和太阳的辐照度。虽然太阳表面所发射的能量密度相当大,但地面上接收到的太阳辐照度比太阳发射的能量密度小得多,日-地距离是影响因素之一。

换个角度讨论日-地距离与到达地面上的太阳辐照度的关系。先讨论一个特殊位置上的太阳辐照度,它是计算投射到地面上的太阳辐照度的依据。即在日-地平均距离时地球大气层上界与太阳光线垂直的表面上,单位面积、单位时间内接收到的太阳辐射能量。把该太阳辐射能量定义为太阳常数。太阳常数计算式的推导如下(但太阳常数值是通过实测得出)。

D_s(太阳直径)$=1.39\times10^6\,\mathrm{km}$,$D_e$(地球直径)$=1.27\times10^4\,\mathrm{km}$,$D_{s\text{-}e}$(日-地距离)$=1.5\times10^8\,\mathrm{km}$。

由图1-14中的D_s、$D_{s\text{-}e}$,可以计算出地球上看到太阳平面张角为$32'$时,其立体角Ω_s为:

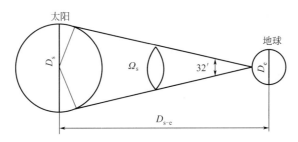

图 1-14　日-地平均距离时日地间的几何关系，太阳张角为 $32'$

$$\Omega_s = \pi R_s^2 / D_{s\text{-}e}^2 \quad (球面度) \tag{1-6}$$

式中　R_s——太阳半径。

地球大气层上界表面上单位立体角中的太阳辐照度：

$$I_s = \sigma T_s^4 \quad W/(m^2 \cdot 球面度) \tag{1-7}$$

式中　σ——斯蒂芬-波尔兹曼常数 $5.6697 \times 10^{-8} W/(m^2 \cdot K^4)$；

　　　T_s——太阳表面的平均温度，K。

故大气层上界 Ω_s 立体角中与太阳光线垂直的单位表面积上的太阳辐照度 I_{sc} 为：

$$I_{sc} = \sigma T_s^4 R_s^2 / D_{s\text{-}e}^2 \quad W/m^2 \tag{1-8}$$

式（1-8）即为太阳常数的计算公式。从中可知，I_{sc} 只是日-地距离 $D_{s\text{-}e}$ 的函数。因地球绕太阳运行的椭圆形轨道长短轴偏心率仅为 $\pm 3\%$，它引起 I_{sc} 的变化仅为年平均值的 $\pm 3.5\%$，故认为 I_{sc} 为常数，并将其定义为太阳常数。当前国际上经过实测公认的太阳常数为 $1353 W/m^2$。

地外辐射强度可由几何关系和太阳常数得知，见式(1-9)，但是地面上的日照强度并没有被很好地定义。

光伏系统的设计者们经常需要估算落在任意斜面的日照量。多数情况下，月平均日间日照数据比较完备，通常用每月中旬的几个特征日期来定义月平均值，见表1-3。式(1-14)中

表 1-3　北纬 $20° \sim 65°$ 大气上界水平面上太阳日辐射总量月平均值

月份＼纬度 I_0	20°	25°	30°	35°	40°	45°	50°	55°	60°	65°
1	26.63	23.89	21.04	18.09	15.08	12.04	9.04	6.14	3.46	1.20
2	30.14	27.90	25.45	22.84	20.08	17.19	14.24	11.25	8.25	5.36
3	34.29	32.87	31.19	29.27	27.14	24.80	22.28	19.60	16.78	13.84
4	37.42	37.02	36.36	35.43	34.25	32.84	31.19	29.34	27.32	25.16
5	38.78	39.27	39.50	39.47	39.21	38.73	38.03	37.19	36.25	35.37
6	39.02	39.92	40.59	41.11	41.21	41.21	41.04	40.76	40.48	29.15
7	38.76	39.45	39.91	40.11	40.09	39.85	39.43	38.86	38.26	37.81
8	37.69	37.64	37.32	36.74	35.71	34.84	33.56	32.07	30.45	28.73
9	35.15	34.08	32.77	31.19	29.38	27.35	25.13	22.71	20.12	17.40
10	31.19	29.18	26.98	24.57	22.01	19.30	16.46	13.53	10.57	7.60
11	27.28	24.66	21.92	19.04	16.09	13.10	10.10	7.17	3.84	1.95
12	25.40	22.56	19.61	16.59	13.54	10.50	7.54	4.73	2.24	0.35

打星号的变量表示特征日期，而上画线表示月平均值。当估算组件倾斜角对所接收日照的影响时，直接辐射成分和漫射辐射成分一般是分别考虑的。但这些数值如果没有事先分别测定，则要根据全局辐射的数据估算而来。因此，这里有三个基本的问题：

① 利用测量所得到的数据来计算给定地点水平面上的全局辐射；

② 利用全局辐射的数值来估算水平面上的直射成分和漫射成分；

③ 利用水平面上的直射成分与漫射成分数据来估算倾斜平面的相应数据。

1.7.1 地外辐射计算

水平表面上的地外辐射 R_0（假设无大气层情况下的垂直日照情况）可通过 γ_E 估算，即太阳常数，用 1 小时内的入射能量来表示：

$$\gamma_E = 3.6\gamma(MJ \cdot m^{-2} \cdot h^{-1}) \tag{1-9}$$

由太阳和地球的几何关系得到 R_0：

$$R_0 = \left(\frac{24}{\pi}\right)\gamma_E e_0 \cos\varphi\cos\delta\left[\sin\omega_s - \left(\frac{\pi\omega_s}{180}\right)\cos\omega_s\right] \tag{1-10}$$

其中

$$e_0 \approx 1 + 0.033\cos\left(\frac{2\pi d}{365}\right) \tag{1-11}$$

e_0 是轨道离心率（地球矢径平方的倒数）；ω_s 是日出相位角（也称日出或日落小时角），定义为

$$\cos\omega_s = -\tan\varphi\tan\delta \tag{1-12}$$

d 是从 1 月 1 日开始计算的天数，并定义 1 月 1 日为 $d = 1$（2 月通常假设为 28 天，在闰年时引入一个小误差）。黄赤交角 $\varepsilon = 23°27' = 23.45°$，$\delta$ 是太阳的偏角（赤纬角），由下式给出

$$\delta \approx \arcsin\left[\sin\varepsilon\sin\frac{(d-81)360}{365}\right] \approx \varepsilon\sin\frac{(d-81)360}{365} \tag{1-13}$$

这个偏角是连接地球和太阳中心的直线和地球赤道平面的交角，它在昼夜平分点（即春分和秋分）时是零。

相应的，在同一水平面上地球外的日辐射总量的月平均值，由下式给出：

$$\overline{R_0} = \left(\frac{24}{\pi}\right)\gamma_E e_0^* \cos\varphi\cos\delta^*\left[\sin\omega_s^* - \left(\frac{\pi\omega_s^*}{180}\right)\cos\omega_s^*\right] \tag{1-14}$$

1.7.2 在水平面上的陆地全局辐射

可以用来测量日照水平的设备多种多样，最简单的例子是日光仪，它通过聚焦太阳光在旋转的图表上燃烧打孔，记录太阳曝晒的小时数。硅太阳能电池本身也被用于一些较为复杂的测量设备中。此外，热电效应（不同的材料在结区两端受热不同而产生电压）是一些更为精确的设备（高温计，日射强度计）的基础，因为这个效应对光波的灵敏度比较低。

以适当的形式获得准确的日照数据，对设计光伏系统来说显然是非常重要的，但有时确实是一件比较艰巨的任务。应用较广的一种数据形式是落到水平面或者倾斜平面上的日平均、月平均、季平均或年平均全局（直接辐射和漫射辐射）辐射。美国圣第亚国家实验室发表了全局日照水平图（1991 年）。如果有可能，应当获得各区域更为确切的数据，最好是以直接辐射和漫射辐射成分的形式而不是全局日照水平形式。表 1-4 中列出了一些日照数据的

原始资料。部分地区的直接辐射和漫射成分的测量数据已经完备。澳大利亚一些地方的数据已经被制成各种表格，这些数据对太阳能工程师和建筑师的工作有所帮助。

表 1-4　全国主要城市年平均日照时间及最佳安装角度

城市	纬度	最佳倾角	年平均日照时间/h	城市	纬度	最佳倾角	年平均日照时间/h
哈尔滨	45.68	$\Phi+3$	4.40	杭州	30.23	$\Phi+3$	3.42
长春	43.90	$\Phi+1$	4.80	南昌	28.67	$\Phi+2$	3.81
沈阳	41.77	$\Phi+1$	4.60	福州	26.08	$\Phi+4$	3.46
北京	39.80	$\Phi+4$	5.00	济南	36.68	$\Phi+6$	4.44
天津	39.10	$\Phi+5$	4.65	郑州	34.72	$\Phi+7$	4.04
呼和浩特	40.78	$\Phi+3$	5.60	武汉	30.63	$\Phi+7$	3.80
太原	37.78	$\Phi+5$	4.80	长沙	28.20	$\Phi+6$	3.22
乌鲁木齐	43.78	$\Phi+12$	4.60	广州	23.13	$\Phi-7$	3.52
西宁	36.75	$\Phi+1$	5.50	海口	20.03	$\Phi+12$	3.75
兰州	36.05	$\Phi+8$	4.40	南宁	22.82	$\Phi+5$	3.54
银川	38.48	$\Phi+2$	5.50	成都	30.67	$\Phi+2$	2.87
西安	34.30	$\Phi+14$	3.60	贵阳	26.58	$\Phi+8$	2.84
上海	31.17	$\Phi+3$	3.80	昆明	25.02	$\Phi-8$	4.26
南京	32.00	$\Phi+5$	3.94	拉萨	29.70	$\Phi-8$	6.70
合肥	31.85	$\Phi+9$	3.69				

（1）峰值日照小时数据

每月的日平均日照水平通常用"峰值日照小时数"来表示。其概念是：全天所接收到的太阳辐射，早晨时候为低强度，正午时候达到峰值，午后逐渐降低，这些不断变动的日照数据在累加后，被压缩到一个日照水平等同于正午辐射强度的缩减的时间段里。假设一天的正午日照水平（峰值日照）估算为 $1.0\,\text{kW/m}^2$，那么峰值日照小时数在数值上将等同于该天的总日照量。总日照量的单位是 $\text{kW}\cdot\text{h/m}^2$。

（2）日照小时数据

一种通常使用的日照数据形式，被称作"日照小时数"（或 SSH）。这个数量描述了给定的时间段中，每天超过约为 $210\,\text{W/m}^2$ 辐射强度的日照小时数。值得注意的是，日照小时数没有给出日照的绝对数据，并且仅对太阳光的直射辐射有效。

对于光伏系统的设计来说，困难在于将日照小时数转化成更加实用的数据。这里，考虑一些估算方法，比如从日照小时数估算在某一水平面上日间全局日照量的月平均值：

$$\overline{R}=\overline{R}_0(a+b\overline{n}/\overline{N}_\text{d}) \tag{1-15}$$

式中，$\overline{R}_0$ 如式（1-14）所定义；$\overline{n}$ 是所记录的日间强光照射小时数的月平均值，通常是由 Campbell Stokes 仪器测量的；a 和 b 是回归常数，是从不同地区的测量数据总结得出；$\overline{N}_\text{d}$ 是月平均日长度 $=2/15\omega_\text{s}^*$。当然这些数值对纬度存在一定的依赖关系。

更为复杂的表达式是

$$a=0.10+0.24\overline{n}/\overline{N}_\text{d},\ b=0.38+0.08\overline{n}/\overline{N}_\text{d} \tag{1-16}$$

这些表达式是通过来自世界各地的数据确定的，它们可以在全球范围内适用，而且在阴云条件下也较好地将纬度的影响引入计算（在 $\theta<60°$ 的范围），并指出

$$\overline{R}=\overline{R}_0[0.29\cos\theta+0.52(\overline{n}/\overline{N}_\text{d})] \tag{1-17}$$

在引用文献中的 a 和 b 值时应当注意：计算中使用了多种不同的几何以及日照参数，测量数据来自于多种不同的测量方法和仪器，而且这些由不同途径获得的数据，有时被认为是具有相同格式而经混合处理。

另一种通过 SSH（日照小时数）估算全局辐射的方法，是用 $\overline{n}/\overline{N_d}$ 的值估计晴天的百分比，用 $(\overline{N_d}-\overline{n})/\overline{N_d}$ 得出相应的阴天的百分比。如果可以计算在一年中某一给定时期，在给定纬度上每一天中不同时间的大气光学质量，通过式（1-20）能够比较准确地估算日照中的直射成分。可假设晴天日照的 10% 是漫射成分，而阴天的平均日照强度是晴天时的 20%。

（3）典型气象年（TMY）数据

日照数据有时以"典型气象年"（TMY）数据的形式呈现，这是一个综合了各个月份数据的全年数据。每个月份的数据是从历史记录中所选取的代表该月的"典型的"气象数据。关于数据收集，存在着多种选取方法，同时设数据集可能被平滑处理以确保其函数的连续性。造成非连续数据点的原因，可能来源于对不同年份中相邻月份数据间的合并。尽管有的典型气象年数据集可能包含每小时的详细数值，它被用于建模的时候未必会比 12 个月份的月间数据集更加精准。

（4）人造卫星云图的数据

澳大利亚气象局于每小时更新人造卫星五层数据。其中不乏类似于图 1-15 的图片形式表现的一些数字化信息，其分辨率达到 2.5km。这些数据可以直接输入电脑，经由处理和分析，用来非常准确地计算晴天和阴天的百分比。随后，可将多年积累的卫星数据与式（1-19）相联系，用于估算日照水平。

图 1-15　红外卫星云图照片（2011 年 1 月 06 日 19：00）

阴云指数，相应于天空中被云层阻挡的部分，与全局辐射和云层覆盖数据互相关联，而这种形式的数据与日照小时数据有关的分析方法相比欠准确。

某些区域使用的是卫星云图，图中利用标准记号和习惯用法来表示云层的类型、数量、尺寸、云与云间间隔，以及各种构型的云列和云段。覆盖程度通过将地面观察结果与卫星云图数据相结合而确定。经过云层分析，通常确定云的类型为层云、积云、卷云或积雨云，每一种云的类型均可根据对入射阳光的影响而划分。

（5）基于卫星数据的日照估算

美国航空航天局（NASA）向全世界提供免费的由卫星估算的日照数据，如图 1-16 所示。这些数据被划分成许多单元，每一单元格是 1 纬度乘 1 经度。每一单元格所对应的数据一般被认为是该地区单元的平均值。这些数据并不是用来替代地面测量数据，而是填补了地面测量的空白或遗漏，并且对其他地区的地面测量加以补充。至少对于预先的可行性研究数据的质量是足够准确的。

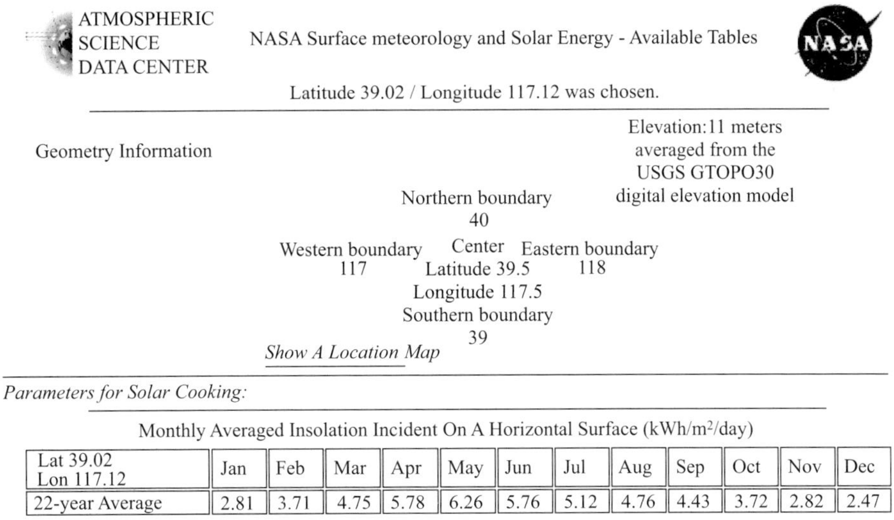

ATMOSPHERIC SCIENCE DATA CENTER

NASA Surface meteorology and Solar Energy - Available Tables

Latitude 39.02 / Longitude 117.12 was chosen.

Geometry Information	Elevation:11 meters averaged from the USGS GTOPO30 digital elevation model

Northern boundary
40

Western boundary　Center　Eastern boundary
117　Latitude 39.5　118
Longitude 117.5
Southern boundary
39

Show A Location Map

Parameters for Solar Cooking:

Monthly Averaged Insolation Incident On A Horizontal Surface (kWh/m²/day)

Lat 39.02 Lon 117.12	Jan	Feb	Mar	Apr	May	Jun	Jul	Aug	Sep	Oct	Nov	Dec
22-year Average	2.81	3.71	4.75	5.78	6.26	5.76	5.12	4.76	4.43	3.72	2.82	2.47

图 1-16　美国航空航天局（NASA）提供的天津地区日照数据

为了估算落在倾斜表面上的漫射成分、直射成分以及全局日照，研究人员使用了各种模型，并将相应的计算方法清楚地归档。

1.7.3　全局辐射与漫射成分

漫射日照产生于一些复杂的相互作用，例如大气的吸收和反射，以及地球表面的吸收以及反射。

漫射日照的测量，需要配备有阻挡直射阳光的阴影带的日射强度计，此类设备只在极少部分的测量站点使用。因此，学者们提出了一些利用全局辐射（有时称作总辐射）估算漫射成分的方法。

（1）晴朗指数$\overline{K}_T$

用月平均晴朗指数来估算日光中漫射成分所占比，记作$\overline{K}_T$：

$$\overline{K}_T = \overline{R}/\overline{R}_0 \tag{1-18}$$

它是日间陆地全局辐射与日间地外（即 AM0）全局辐射两者的月平均值之比。

漫射成分$\overline{R}_d$可以利用来自文献或者测量数据的$\overline{R}$值，来估计落在水平面上的日间漫射辐射的月平均值$\overline{R}_d$，其步骤如下。

① 用式(1-14)计算每月的$\overline{R}_0$，接着考虑

$$\overline{K}_d = \overline{R}_d/\overline{R}_0 \tag{1-19}$$

式中，$\overline{R}_d$是需要得到的结果。假设可以找到$\overline{K}_d$和$\overline{K}_T$的相互关系，那么利用这个表达式，通过通常较易测量的$\overline{R}$可以推算出漫射成分$\overline{R}_d$。有文献中提出了一些$\overline{K}_d$与$\overline{K}_T$间相互换算关系，而当纬度大于40°时，下式的计算方法被认为是最可靠的：

$$\overline{K}_\text{d} = 1 - 1.13\overline{K}_\text{T} \tag{1-20}$$

② 用式（1-18）估计每月的 $\overline{K}_\text{T}$。

③ 用式（1-20）估计每月的 $\overline{K}_\text{d}$。

④ 用式（1-19）估计每月的 $\overline{R}_\text{d}$。

类似于式（1-18）描述数量间相关性的模型，可以在有关文献中找到。这些模型使用不同的平均时间，从 1 个月至小于 1 小时。这些模型的准确性受到平均时间长短的影响很大，因此不能适用于任意不同的平均时间周期。

（2）Telecom 模型

如果直射和漫射日照成分不能分别确定，对于两者的一个合理的近似（对于大多数地区），可以通过将总月间全局日照和根据大致的"晴天"与"阴天"的天数，通过理论计算得出的总日照相等而得出。计算过程如下。

① "晴天" 每天太阳直射的强度取决于大气光学质量的函数，可由实验得出的下列等式表示：

$$I = 1.3661 \times 0.7^{(\text{AM})^{0.678}} \text{ kW/m}^2 \tag{1-21}$$

其中，用近阶段公认的太阳常数代替了原始的太阳常数值，I 是与太阳光线垂直的平面所接收到的直射成分，大气光学质量（AM）可以利用运算法则估算，它是纬度、一年中的日期、一天中的时刻等参数的函数，日间直接辐射可以通过确定某一具有代表性的日期的值来计算。接下来，若将这个数值提升 10%，则可以将漫射成分也估算在内，图 1-17 给出了上述估测的细节和依据。如此得到的结果，就是在一年中特定日期、特定地点、天气晴好时候的预计日间日照量。

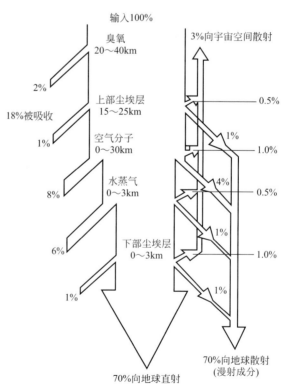

图 1-17　典型的 AM1 晴朗天空对入射光的吸收和散射

②"阴天"　假设所有入射光是漫射辐射，在水平面上的强度是由方程（1-21）确定的值的20％。因此，可估计"阴天"的日间日照量（完全是漫射）的近似值。

假设平均全局日照数据能够利用晴天的总数及其日照量和阴云天气的总数及其日照量来计算，通过上述所描述的估算方法，晴天的日照数据由①给出，而阴云天气的日照由②给出，继而可以分别确定直射和漫射的成分。

此外，方程（1-21）与日照光谱无关，而事实上同波长的衰减度不同有关，可以利用下面这个经验公式近似表示：

$$I_{AMK}(\lambda)=I_{AMD}(\lambda)\left|\frac{I_{AMI}}{I_{AMD}(\lambda)}\right|AM^{0.678} \tag{1-22}$$

式中，λ 是光的波长。光谱的变化可能极大地影响太阳能电池的输出，尽管如此，这个影响通常可以忽略，因为硅太阳能电池几乎可吸收 $1.1\mu m$ 以上波长，而且当入射角增大时，太阳能组件的反射增强，相应的大气光学质量也同时增加，光谱更加偏向红端。

1.7.4　倾斜表面上的辐射

光伏组件一般具有固定的倾斜角，因此通常需要通过落在水平面上的日照量来估算落在斜面上的日照量。如之前讨论的，这分别需要直射和漫射数据。许多模型对于天空的漫射分布情况做出了一系列的假设。如果用于输入模型，进行计算的数据本身也是先通过其他模型，例如日照小时数据计算得来的，则应当尽量选简单的模型进行计算。在此，仅考虑向赤道方向倾斜的平面。

（1）Telecom 方法

如果能够以直射成分和漫射成分的形式提供日照数据，那么可以通过下面的方法来确定当太阳能板与水平成 β 角时落在板面上相应的日照。

首先，假设漫射成分 D 与倾斜角是两个相互独立的变量（当倾斜角不超过45°时可以认为这个假设成立）。一些更为复杂的模型考虑了地球相对接近太阳时或者在地平线附近的较高辐射强度（在天气晴朗的前提下）。

其次，落在水平面上的直射成分 S，需要转换成在相对水平面倾角为 β 的斜面上的直射成分 S_β，如图 1-18 所示。因此得到

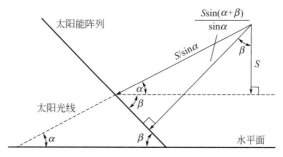

图 1-18　光线落在与水平面成 β 角的斜面上

$$S_\beta=\frac{S\sin(\alpha+\beta)}{\sin\alpha} \tag{1-23}$$

式中，α 是太阳正午时的高度（即阳光）和水平面间的角度，由下式给出：

$$\alpha=90°-\theta-\delta \tag{1-24}$$

式中，θ 是在南半球时的纬度。

以上适用于位于南半球、朝北的太阳能组件。如果是位于北半球而朝南，应当使用 $\alpha = 90° - \theta + \delta$，其中 θ 是北半球的纬度。

式（1-23）在严格意义上只对于正午时候准确。它常被用于确定光伏系统的尺寸需求，将落在水平面上的平均日照的直射成分，转换成落在倾斜角为 β 的太阳能板上的平均日照的直射成分，因此引入了一个小的误差。

图 1-19 给出了典型的冬季晴天和阴天的日间日照强度随时间变化图像。这个事例中阴天的光照强度仅约为晴天的 10%，这是由于该光伏组件与水平成 60°角，使接收到的辐射中的直射成分相对于漫射成分大幅增加。

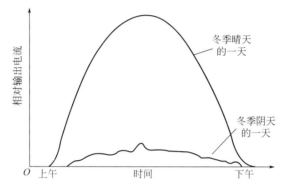

图 1-19　位于墨尔本（南纬 38°）冬季里的晴天和阴天，
光伏阵列倾斜角为 60°时的相对输出电流曲线

图 1-20 表示的是天气晴朗时在北纬 23.5°，光伏阵列倾斜角度对所接收到的日间日照量的影响。

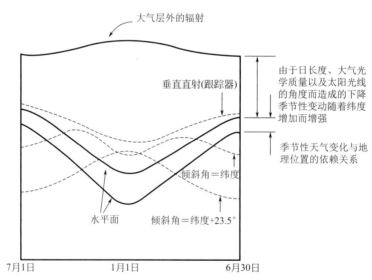

图 1-20　位于北纬 23.5°，光伏阵列倾斜角度对于所接收到的日间总日照量的影响

（2）向赤道方向倾斜

将在水平面上的月平均日间辐射转化为在任意倾斜角平面上的普适方法。计算需要事先已知每小时落在水平面上的全局辐射、直射成分和漫射成分等数据，并了解水平面量与斜面量的变换关系，进而通过小时数据累积出全天的总值。由于这个过程运算量较大，通常利用

与光伏系统设计相关的一些计算机程序进行计算。

然而，有一种补充的方法，对于向赤道方向倾斜的平面特别适合。它的一个简单近似表达式为

$$\overline{R}(\beta)=\overline{X}_b(\overline{R}-\overline{R}_d)+\overline{R}_d\frac{1+\cos\beta}{2}+\overline{R}\frac{1-\cos\beta}{2}\rho \tag{1-25}$$

式中，ρ 是地面反射率；$\overline{R}_d$ 的值可以通过式（1-18）～式（1-20）求得；$\overline{X}_b$ 是落在斜面上与落在水平面上的日间直射辐射之比（也称光束强度比），这个比值可以通过相应的地外辐射数据作同比率近似，也就是说，在计算该比值时忽略大气层的影响。对南半球来说，这个比值可以通过如下公式表达：

$$\overline{X}_b=\frac{\cos(\varphi+\beta)\cos\delta\sin\omega_{s,\beta}^*+\left(\frac{\pi}{180}\right)\omega_{s,\beta}^*\sin(\varphi+\beta)\sin\delta}{\cos\varphi\cos\delta\sin\omega_s^*+\left(\frac{\pi}{180}\right)\omega_s^*\sin\varphi\sin\delta} \tag{1-26a}$$

其中

$$\omega_{s,\beta}^*=\min\{\arccos(-\tan\varphi\tan\delta),\arccos[-\tan(\varphi+\beta)\tan\delta]\} \tag{1-26b}$$

这个角度是在某月份中具有典型性的一天，位于倾斜平面上的日落小时角。对北半球而言应用下面两个公式：

$$\overline{X}_b=\frac{\cos(\varphi-\beta)\cos\delta\sin\omega_{s,\beta}^*+\left(\frac{\pi}{180}\right)\omega_{s,\beta}^*\sin(\varphi-\beta)\sin\delta}{\cos\varphi\cos\delta\sin\omega_s^*+\left(\frac{\pi}{180}\right)\omega_s^*\sin\varphi\sin\delta} \tag{1-26c}$$

其中

$$\omega_{s,\beta}^*=\min\{\arccos(-\tan\varphi\tan\delta),\arccos[-\tan(\varphi-\beta)\tan\delta]\} \tag{1-26d}$$

1.8 光伏技术与量子力学

光伏技术的进步与量子力学的发展有着密不可分的联系。尽管光的波粒二象性在电池设计中不应被忽视，然而太阳能电池的运作，就本质而言就是光伏材料对光的粒子或称量子所做出的反应。

在地球大气层之外，太阳光本身可以近似为理想的黑体辐射。经典理论无法解释此类黑体辐射现象，这个事件本身也推动了量子力学的发展，而量子力学又帮助了对太阳能电池工作原理的了解。除了反射阳光，地球本身也在进行类似的黑体辐射，但由于温度较低，地球的辐射光谱集中在长波波段。

大气层的吸收和散射作用减弱了太阳光到达地球表面的辐射强度，同时改变了波长能谱分布，它们也影响着地球辐射的能量，导致地球的地面温度比月球高，而且导致地表温度对人造温室气体比较敏感。陆地光线的强度和波长能谱分布往往是变化量，因此在标定太阳能产品时要使用标准的太阳光谱。现在的大多数陆地设备采用的标准，是全局大气光学质量为AM1.5情况下的光谱分布表。

习题 1

1. 当太阳相对于水平面的高度是 30°时，相应的大气光学质量（AM）是多少？

2. 在 AM1.5 光照情况下，高 1m 的垂直杆的投影长度是多少？

3. 计算 6 月 21 日悉尼（南纬 34°）和旧金山（北纬 38°）正午太阳的高度。

4. 夏至正午位于新墨西哥州的耐尔伯克基（北纬 35°），直接辐射的阳光落在与日地连线垂直的平面上时候的强度是 90W/m²。计算在面向南面与水平成 40°角的平面上的直接辐射强度。

5. 为设计适当的光伏系统，良好的日照数据（即光照量）对于每一个地区都是至关重要的。请列举所在地（国家或省、市、自治区）日照数据的来源以及特征。

硅半导体与非晶硅材料

 学习目标

1. 了解半导体材料的基本特性、P 型材料和 N 型材料掺杂形成的基本原理。
2. 掌握化学键模型、能带模型形成机理。
3. 掌握单晶硅与多晶硅太阳电池的区别。
4. 了解电子-空穴对的产生条件和施加外电压克服内电场形成电流的原理。

学习任务

硅的吸收系数从波长为 $0.3\mu m$ 时的 $1.65 \times 10^6 cm^{-1}$ 下降到 $0.6\mu m$ 时的 $4400 cm^{-1}$ 和 $1.1\mu m$ 时的 $3.5 cm^{-1}$。假设电池的前后表面对任何波长的光都没有反射，电池厚度为 $300\mu m$，分别针对上述三种波长，以表面电子-空穴对产生率为基准，计算距离表面 $50\mu m$、$150\mu m$、$200\mu m$ 不同深度的电子-空穴对的产生率并作图。

 思政课堂

汤姆逊经过独立思考，通过精心设计及实验，发现了电子，为半导体的结构和分类提供了理论依据。

案例引学

电子的发现者

引导问题

1. 如何区分导体、绝缘体和半导体？
2. 硅、锗原子结构简化模型及晶体结构是什么样的？
3. 如何定义本征半导体、空穴、电子-空穴对、空穴的移动？
4. 在硅晶格中掺入不同杂质能产生 N 型和 P 型半导体材料的原理是什么？

2.1 半导体材料

1839年，贝克勒尔发现了某些材料在被曝光时产生电流的现象，也就是所谓的光电伏特效应，是光伏器件或太阳能电池工作的基础。

太阳能电池是由半导体材料制造而成的，这种材料在低温下是绝缘体，但在有能量或热量输入时就成为了导体。目前，由于硅材料的技术最为成熟，大多数太阳能电池都是用硅材料制造的。人们也正在积极地研究其他可以取代硅的材料。

（1）半导体的共价键结构

半导体的共价键结构如图2-1（a）所示。

所谓共价键就是原子间通过共享电子所形成的化学键。

（2）本征半导体

完全不含杂质且无晶格缺陷的纯净半导体，称为本征半导体（intrinsic semiconductor）。本征半导体一般是指导电主要由材料的本征激发决定的纯净半导体。硅和锗都是四价元素，其原子核最外层有四个价电子。它们都是由同一种原子构成的"单晶体"，属于本征半导体。

化学成分纯净的半导体，它在物理结构上呈单晶体形态，如图2-1（b）所示。

原子结构简化模型

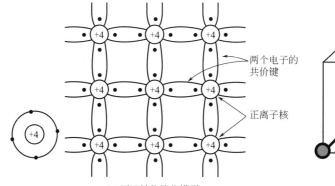

两个电子的共价键

正离子核

(a) 原子结构简化模型   (b) 晶体结构

图2-1 硅和锗的原子结构简化模型及晶体结构

半导体材料的电学特性通常可以采用两种模型来解释，分别是化学键模型和能带模型，下面分别讨论这两种模型。

2.1.1 化学键模型

化学键模型是用将硅原子相结合的共价键来描述硅半导体的运动特性。图2-1显示了电子在硅材料晶格里的成键和移动。

在低温下，这些共价键是完好的，硅材料显示出绝缘体的特性。但遇到高温情况时，一些共价键就被破坏，此时有两种过程可以使硅材料导电：

光能的转换吸收原理

① 电子从被破坏掉的共价键中释放出来自由运动；

② 电子也能从相邻的共价键中移动到由被破坏的共价键所产生的"空穴"里，而那个相邻的共价键便遭到破坏，如此使得遭破坏的共价键或称空穴得以传播，如同这些空穴具有正电荷一样。

空穴运动的概念类似于液体中气泡的运动。气泡的运动尽管实际上是液体的流动，但是也可以简单地理解为气泡的反方向运动。

2.1.2　能带模型 E_g

能带模型根据价带和导带间的能量来描述半导体的运动特性。如图 2-2 所示，电子在共价键中的能量对应于其在价带的能量，电子在导带中是自由运动的。带隙的能量差反映了使电子脱离价带跃迁到导带所需的最小能量。只有电子进入导带，才能产生电流。同时空穴在价带以相反于电子的方向运动，产生电流。这个模型被称作能带模型。

2.1.3　掺杂半导体

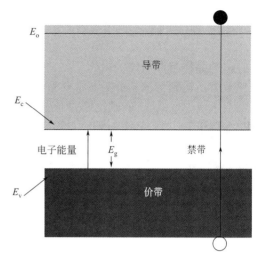

图 2-2　电子在半导体能带中的示意图

掺杂　将需要的杂质掺入特定的半导体区域中，以改变半导体的电学性质，形成 PN 结。

磷（P）、砷（As）（掺入五价元素）——N 型硅。

硼（B）、铝（Al）（掺入三价元素）——P 型硅。

掺杂工艺　扩散、离子注入。

杂质半导体形成原理

相对而言，本征半导体中载流子数目极少，导电能力很低。但如果在其中掺入微量的杂质，所形成的杂质半导体的导电性能将大大增强。由于掺入的杂质不同，杂质半导体可以分为 N 型和 P 型两大类。

N 型半导体中掺入的杂质为磷或其他五价元素。磷原子在取代原晶体结构中的原子并构成共价键时，多余的第五个价电子很容易摆脱磷原子核的束缚而成为自由电子，于是半导体中的自由电子数目大量增加，自由电子成为多数载流子，空穴则成为少数载流子。

P 型半导体中掺入的杂质为硼或其他三价元素。硼原子在取代原晶体结构中的原子并构成共价键时，将因缺少一个价电子而形成一个空穴，于是半导体中的空穴数目大量增加，空穴成为多数载流子，而自由电子则成为少数载流子。

可以通过掺杂其他杂质原子来改变电子与空穴在硅晶格中的数量平衡。掺入比原半导体材料多一个价电子的原子，可以制备 N 型半导体材料，掺入比原半导体材料少一个价电子的原子，可以制备 P 型半导体材料，如图 2-3 所示。

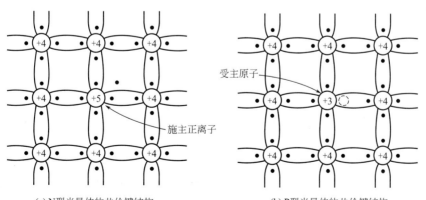

(a) N型半导体的共价键结构　　(b) P型半导体的共价键结构

空穴与自由电子

空穴与电子对

图 2-3　通过在硅晶格中掺入不同杂质所产生的 N 型和 P 型半导体材料示意图

2.2 半导体的种类

（1）晶体与非晶体的区别

日常所见到的固体分为非晶体和晶体两大类。非晶体物质的内部原子排列没有一定的规律，断裂时断口也是随机的，如塑料和玻璃等。而称之为晶体的物质，外形呈现天然的有规则的多面体，具有明显的棱角与平面，其内部的原子是按照一定的规律整齐地排列起来，所以破裂时也按照一定的平面断开，如食盐、水晶等。

半导体的种类

（2）单晶体与多晶体的区别

有的晶体是由许许多多的小晶粒组成。若晶粒之间的排列没有规则，这种晶体称之为多晶体，如金属铜和铁。但也有的晶体本身就是一个完整的大晶粒，这种晶体称之为单晶体，如水晶和金刚石。

（3）单晶硅与多晶硅太阳电池的区别

多晶硅是单质硅的一种形态。熔融的单质硅在过冷条件下凝固时，硅原子以金刚石晶格形态排列成许多晶核，如这些晶核长成晶面取向不同的晶粒，则这些晶粒结合起来，就结晶成多晶硅。多晶硅可作拉制单晶硅的原料。多晶硅与单晶硅的差异主要表现在物理性质方面。单晶硅电池转换效率高，稳定性好，但是成本较高。多晶硅电池成本低，转换效率略低于直拉单晶硅太阳能电池，材料中会有各种缺陷，如晶界、位错、微缺陷，材料中含有杂质碳和氧，以及工艺过程中沾污的过渡族金属。

用来制造太阳能电池的硅和其他材料的半导体通常有单晶体、mc多晶体（multicrystalline）、pc多晶体（polycrystalline）、微晶体和无定形晶体。这些晶体种类的名称在不同场合可能用法各异，依照特定的方法，用晶粒的平面大小来定义：微晶体的晶粒小于 $1\mu m$，pc多晶体的晶粒小于 1mm，mc多晶体的晶粒小于 10m。不同材料类型的结构，如图 2-4 所示。

2.2.1 单晶硅（sc-Si）

单晶硅是规则的晶体结构，它的每个原子都理想地排列在预先注定的位置，因此，单晶硅的理论和技术才能被迅速地应用于晶体材料，表现出可预测和均匀的行为特性。但由于单晶硅材料的制造过程必须极其细致而缓慢，是最为昂贵的一种硅材料，因此价格更为低廉的多晶（包括 mc 和 pc）与非晶材料正在快速广泛地被用来制造太阳能电池，尽管质量上稍逊于单晶。

2.2.2 多晶硅（mc-Si）

mc-Si 多晶硅的制造工艺没有单晶那么严格，因此比较便宜。晶界的存在阻碍了载流子迁移，而且在禁带中产生了额外的能级，造成了有效的电子空穴复合点和 PN 结短路，因此降低了电池的性能。

晶粒尺寸的数量级必须要求在几个毫米大小（card& Yang，1977），以防止严重的晶界层复合损失，这也使得单独的晶粒从电池的正面延伸到背面，减小载流子迁移的阻力，而且电池上每个单位面积的晶界长度通常会减小。这类 mc-Si 多晶硅材料已经广泛应用于商用电池的制造。

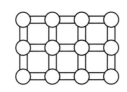

(a) 单晶体(sc-Si): 原子按规则结构排列

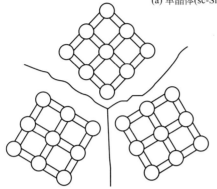

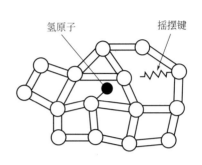

(b) 多晶体(mc或pc): 晶体硅被不规则化学键
所形成的"晶粒边界"隔开

(c) 非晶体(a-Si₂H): 更加不规则的原子排列造成了
能够被氢原子钝化的摇摆键

图 2-4　单晶、多晶和非晶硅的结构图

2.2.3　非晶硅（a-Si）

从理论上讲，非晶硅的制造成本甚至比多晶硅更加低廉，这种材料在原子结构上没有长距离的有序排列，导致在材料的某些区域含有未饱和或摇摆键，这些又导致了在禁带中的额外能级，因而无法对纯的半导体进行掺杂，或者在太阳能电池的构造中获得较好的电流。研究表明，氢原子和非晶硅成键的程度达到 5%～10% 时，摇摆键被饱和，从而改善了材料的质量。这个氢钝化的过程同时也能让带隙（E_g）从晶体硅的 1.1eV 增大到 1.7eV，使材料能够更强地吸收能量高于这个阈值（1.7eV）的光子，作为太阳能电池所要求的材料厚度，因此也就变得更薄。

在此类硅氢（a-Si∶H）合金材料中，少数载流子的扩散长度远远小于 1μm，于是耗尽层成为电池中获取自由载流子的主要区域。为此，人们采用各种设计方案来解决这些问题，包括尽可能地增大耗尽区的尺寸。图 2-5 是 a-Si∶H 太阳能电池的大致设计图。太阳能电池生产中使用的非晶硅和其他的"薄膜"技术（将非常薄的半导体材料沉积在玻璃或其他衬底上），可以用来制造许多小型的消费品，如计算器和手表等。大体上说，薄膜技术提供了一种非常低廉的电池制造方法，尽管目前利用此类技术制造的电池效率和寿命均低于晶体材

图 2-5　a-Si∶H 太阳能电池示意图

料。研究显示薄膜和其他潜在的低成本太阳能电池材料的技术，可能在未来几十年内主导太阳能电池市场。

2.2.4 薄膜晶体硅

人们正在研究各种各样在外基层沉积薄膜硅电池的方法（Green，2003）。如果在沉积非晶硅的气体中提高氢比硅烷的比例，将会使材料最终变成微晶态，晶柱被非晶区域分开，其光学和电学特性和晶体硅类似。这种材料已经被作为硅-锗合金的替代品，和非晶硅一起应用于混合材料中。这样的材料已经被作为一个可行的方法应用到在无定型硅混合材料中的硅锗合金。人们必须采用一些特殊的方法使非晶硅的厚度够薄来防止光致衰退，以期产生和串联的微晶硅电池相近的电流。在实验室条件下，微晶/非晶硅叠层结构的太阳能电池效率已经达到大约 11%。有一种制造工艺应用于商业生产，这种工艺将薄膜硅电池制作在经绒化处理的玻璃受板上。该制造工艺利用激光形成贯穿主动材料区域的坑洞来连接紧邻玻璃的 N 型层，一开始先沉积低品质的材料，然后由接下来的热处理步骤改善。

2.3 光能的转换吸收

当光照射到半导体材料时，拥有比禁带宽（E_g）还小的能量（E_{ph}）的光子与半导体间的相互作用极弱，于是顺利地穿透半导体，就好像半导体是透明的一样。然而，能量比带隙能量大的光子（$E_{ph} > E_g$）会与形成共价键的电子相作用，用它们自身所具有的能量去破坏共价键，形成可以自由流动的电子-空穴对，如图 2-6 所示。

光子的能量越高，被转换吸收的位置就越接近半导体表面，较低能量的光子则在距半导体表面较深处被转换吸收，如图 2-7 所示。

单位体积内电子-空穴对的产生率（G）可用以下公式计算：

$$G = \alpha N e^{-\alpha x} \tag{2-1}$$

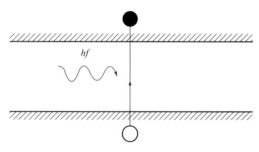

图 2-6 光照时电子-空穴对的产生，
光子能量 $E_{ph} = hf$，$E_{ph} > E_g$
[f 是光的频率，h 是普朗克常量
$(6.626 \times 10^{-34} J \cdot s)$]

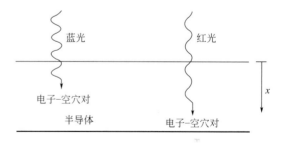

图 2-7 光的能量与电子-空穴对
产生的位置间的联系

式中，N 是光子的流量（每秒流过单位面积的光子数量）；α 是吸收系数；x 是到表面的距离。在 300K 时，对于硅材料，α 和波长的函数关系如图 2-8 所示。

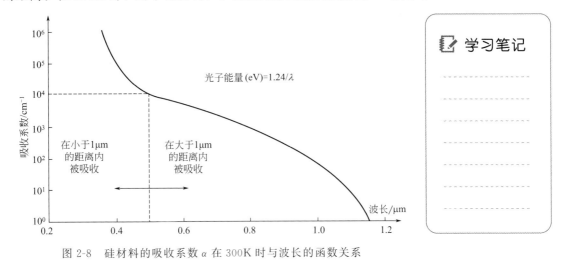

图 2-8　硅材料的吸收系数 α 在 300K 时与波长的函数关系

2.4　电子-空穴对的产生与复合

当光源被关掉时，系统势必会回到一个平衡状态，因为光照而产生的电子-空穴对势必消失，在没有外界能量来源的情况下，电子和空穴会无规则运动直到它们相遇并复合。任何在表面或者内部的缺陷、杂质，都会促进复合的产生。

材料的载流子寿命可以定义为电子-空穴对从产生到复合的平均存在时间。对于硅，典型的载流子寿命约是 1μs。类似的，载流子扩散长度就是载流子从产生到复合所能移动的平均距离。对于硅而言，扩散长度一般是 $100\sim300\mu m$。这两个参量是太阳能电池应用所需材料的质量和适宜性。但是，如果没有一个使电子定向移动的方法，半导体就无法输出能量。因此，一个功能完善的太阳能电池，通常需要通过增加一个整流 PN 结来实现。

2.5　光生伏打与 PN 结

PN 结是由 P 型半导体材料和 N 型半导体材料连接而成，如图 2-9 所示。

当 P 型半导体材料和 N 型半导体材料连接在一起时，由于在 PN 中不同区域的载流子分布存在浓度梯度，P 型半导体材料中过剩的空穴通过扩散作用流动至 N 型半导体材料，同理，N 型半导体材料中过剩的电子通过扩散作用流动至 P 型半导体材料。电子或空穴离开杂质原子后，该固定在晶格内的杂质原子被电离，因此在结区周围建立起了一个电场，以阻止电

PN结的形成

子和空穴的上述扩散流动。该电场所在区域就是所谓的耗尽区，取决于材料的特性，会形成一个内电场 E_{in} 而存在内建电压（U_{in}）。

如果在 PN 结上施加一个如图 2-10 所示的电压，电场 E_{in} 会被减弱。一旦电场 E_{in} 不够大而无法阻止电子和空穴的流动，就会产生电流，内建电压减小到 $U_{in}-U$，而且电流随着所加电压以指数增加。这个现象可以用理想二极管法则描述：

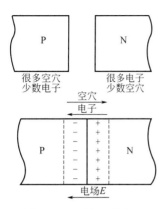

图 2-9　PN 结的形成图

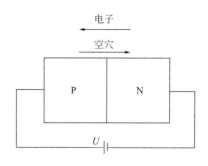

图 2-10　在 PN 结上施加一个电压

$$I = I_0 \left[\exp\left(\frac{qU}{kT}\right) - 1 \right] \qquad (2\text{-}2)$$

式中，I 为电流；I_0 为饱和暗电流（在没有光源照射时，二极管的泄漏电流强度）；U 是所施电压；q 是电子的电荷；k 是波耳兹曼常数；T 是绝对温度。

需要注意的是：

- I_0 随着 T 的增大而增大；
- I_0 随材料品质的提升而减小；
- 在 300K 时，热电压 $kT/q = 25.85 \text{mV}$。

对于实际的二极管而言，式（2-2）变为

$$I = I_0 \left[\exp\left(\frac{qU}{nkT}\right) - 1 \right] \qquad (2\text{-}3)$$

上式中 n 是理想因子，在 $1 \sim 2$ 之间变动，并随着电流的减小而增加。硅二极管电压与电流的变化规律如图 2-11 所示。

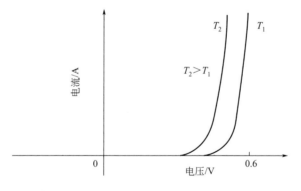

图 2-11　硅二极管电压与电流的变化规律（在 $T_1 < T_2$ 时电流和电压的关系）

（要维持输出电流不变，电压曲线位移大约 $2 \text{mV}/℃$）

习题 2

1. 硅的吸收系数从波长为 $0.3\mu m$ 时的 $1.65\times10^6 cm^{-1}$，下降到 $0.6\mu m$ 时的 $4400cm^{-1}$ 和 $1.1\mu m$ 时的 $3.5cm^{-1}$。假设电池的前后表面对任何波长的光都没有反射，电池厚度为 $300\mu m$，分别针对上述三种波长，以表面电子-空穴对产生率为基准，计算距离表面不同深度的电子空穴对产生率并作图。

2. 用半导体的电子特性解释：当光子的能量接近带隙能量时，为什么吸收系数随光子能量的增加而增加？

3. 请描述 P 型材料和 N 型材料掺杂形成的基本原理及过程，描述化学键模型和能带模型形成机理。

4. 试述晶体与非晶体的区别、单晶体与多晶体的区别。如何区分单晶硅与多晶硅太阳能电池？

5. 试分析电子-空穴对的产生条件，计算电子-空穴对产生率（G），分析施加外电压克服内电场形成电流的原理。

学习情境 **三**

太阳能电池性能

 学习目标

1. 熟悉太阳光照到电池上对太阳能电池特性的影响。
2. 掌握太阳能电池的主要参数。
3. 熟悉光谱响应的概念。
4. 了解温度对太阳能电池特性的影响。
5. 了解寄生电阻对太阳能电池特性的影响。

 学习任务

1. 在掌握太阳能电池伏安特性以及开路电压、短路电流、最大功率概念的基础上，绘制太阳能电池的伏安特性曲线，说明最大功率 P_m 与 $U_{oc}I_{sc}$ 之间的关系。

2. 在掌握太阳能电池转换效率计算的基础上，设太阳能电池为 165mm×165mm，单位面积上入射光功率 P_m 为 $1000W/m^2$，实测电池 I-U 曲线，计算太阳能电池的填充因子和转换效率。

 思政课堂

伟大的思想只有付诸行动才能成为壮举。赫兹用实际行动证实了麦克斯韦预言的电磁波的存在并发现了光电效应，为世界做出了伟大贡献，故频率的国际制单位以他的名字命名。

案例引学

麦克斯韦理论的验证

 引导问题

1. 如何使太阳能电池的能量转换率最大化？
2. 影响太阳能电池转换效率的因素有哪些？
3. 什么是光谱响应？为什么要研究太阳能电池的光谱响应？
4. 温度对太阳能电池 I-U 特性曲线有什么影响？
5. 什么地方存在寄生电阻？其对太阳能电池有何影响？

3.1　光照的影响

太阳电池性能的
影响因素

硅太阳能电池是利用半导体光生伏打效应做成的半导体器件。光照射到电池上可呈现多种不同的情形，为了尽可能将太阳能电池的能量转换效率最大化，必须设计使之得到最大的吸收以及反射后的吸收。

当太阳光照射到电池上时，电池的电压与电流的关系（即伏安特性）可以简单用图 3-1 所示的特性曲线来表示，图中，U_{oc} 为开路电压；I_{sc} 为短路电流；U_{mp} 为最佳工作电压；I_{mp} 为最佳工作电流。

最佳工作点对应电池的最大出力 P_m，其值由最佳工作电压与最佳工作电流的乘积得到。实际使用时，电池的工作受负载条件、日照条件的影响，工作点会偏离最佳工作点。

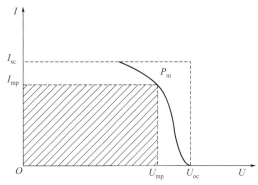

图 3-1　电池的伏安特性曲线

（1）开路电压 U_{oc}

太阳能电池电路将负荷断开，测出两端电压，即 $I=0$，此时的电压称为开路电压。

（2）短路电流 I_{sc}

太阳能电池的两端在短路状态时测定的电流，即 $U=0$，此时的电流称为短路电流。

太阳能电池（组件）的电压上升，例如通过增加负载的电阻值或电池（组件）的电压从 0（短路条件下）开始增加，电池（组件）的输出功率亦从 0 开始增加；当电压达到一定值时，功率可达到最大，这时当阻值继续增加时，功率将越过最大点，并逐渐减少至 0，即电压达到开路电压 U_{oc}。电池（组件）输出功率达到最大的点，称为最大功率点，该点所对应的电压，称为最大功率点电压 U_{mp}，又称为最大工作电压；该点所对应的电流，称为最大功率点电流，又称为最大工作电流 I_{mp}；该点的功率，则称为最大功率 P_m。

太阳能电池（组件）的输出功率取决于太阳辐照度、太阳光谱分布和太阳能电池（组件）的工作温度，因此太阳能电池（组件）的测量必须在标准条件下进行，测量标准被欧洲委员会定义为 101 号标准，其条件是：光谱辐照度 $1000\text{W}/\text{m}^2$；光谱 AM1.5；电池温度为 25℃。在该条件下，太阳能电池（组件）所输出的最大功率被称为峰值功率，在以瓦为计算单位时称为峰瓦，用符号 Wp 表示。

（3）太阳能电池的填充因子

实际情况中，硅太阳能电池 PN 结在制造时，由于工艺原因而产生缺陷，使太阳能电池的漏电增加。为考虑这种影响，常将伏安特性加以修正，将弯曲部分曲率加大，定义为填充因子，又称曲线因子，是指太阳能电池最大功率与开路电压和短路电流乘积的比值，用符号 FF 表示：

$$FF=\frac{I_{mp}U_{mp}}{U_{oc}I_{sc}}=\frac{P_m}{U_{oc}I_{sc}}$$

填充因子是一个无单位的量，是衡量电池性能的一个重要指标。填充因子为 1 被视为理想的电池特性。一般地，填充因子在 0.5～0.8 之间。

（4）太阳能电池的转换效率

太阳能电池接受光照的最大功率与入射到该电池上的全部辐射功率的百分比，称为太阳能电池的转换效率，即

$$\eta = \frac{U_m I_m}{A_t P_m}$$

式中　U_m，I_m——输出功率点的电压、电流；

　　　　A_t——包括栅线面积在内的太阳能电池总面积；

　　　　P_m——单位面积入射光的功率。

有时也用活性面积 A_a 取代 A_t，即从总面积中扣除栅线所占面积，这样计算出来的效率要高一些。

地面用太阳能电池的测试标准为：大气质量为 AM1.5 时的光谱分布（具体规定可参见我国国家标准和国际标准），入射的太阳辐照度为 $1000\mathrm{W/m^2}$，温度为 25℃，与负载条件变化时的最大电气输出的比的百分数来表示。厂家的说明书中电池转换效率就是根据上述测量条件得出的。

3.2　光谱响应

太阳光谱中，不同波长的光具有的能量是不同的，所含的光子数目也是不同的，因此太阳能电池接受光照射所产生的光子数目也就不同。为反映太阳能电池的这一特性，引入了光谱响应参量。

太阳能电池的光谱响应是指太阳能电池在入射光中每一种波长的光作用下所收集到的光电流与入射光波的关系，又称为光谱灵敏度。光谱响应有绝对光谱响应和相对光谱响应之分。绝对光谱响应是指某一波长下太阳能电池的短路电流除以入射功率所得的商，其单位是 $\mathrm{mA/mW}$ 或 $\mathrm{mA/mW \cdot cm^{-2}}$。由于测量与每个波长单色光相对应的光谱的灵敏度的绝对值较为困难，所以常把光谱响应曲线的最大值定为1，并求出其他灵敏度对这一最大值的相对值，这样得到的曲线则称为相对光谱响应曲线，即相对光谱响应。

图 3-2 为硅太阳能电池的相对光谱响应曲线。一般来说，硅太阳能电池对于波长小于 $0.35\mu m$ 的紫外光和波长大于 $1.15\mu m$ 的红外光没有反应，响应的峰值在 $0.8\sim0.9\mu m$ 范围

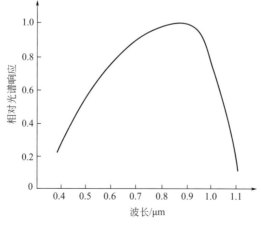

图 3-2　硅太阳能电池的相对光谱响应曲线

内，由太阳能电池制造工艺和材料电阻率决定，电阻率较低时的光谱响应峰值约在 $0.9\mu m$。在太阳能电池的光谱响应范围内，通常把波长较长的区域称为长波光谱响应或红光响应，把波长较短的区域称为短波光谱响应或蓝光响应。从本质上说，长波光谱响应主要取决于基体中少子的寿命和扩散长度，短波光谱响应主要取决于少子在扩散层中的寿命和前表面复合速度。

3.3　温度的影响

太阳能电池的工作温度是由环境温度、封装电池组件的特性、照射在组件上的日光强度以及其他一些变量决定的，而温度的变化会显著改变太阳能电池的输出性能。由半导体物理理论可知，载流子的扩散系数随温度的增高而增大，所以少数载流子的扩散长度也随温度的升高稍有增大，因此，光生电流 I_L 也随温度的升高有所增加。但是饱和暗电流 I_0（在没有阳光照射时，二极管的泄漏电流强度）随温度的升高是指数增大，因而 U_{oc} 随温度的升高急剧下降。当温度升高时，I-U 曲线形状改变，填充因子下降，所以转换效率随温度的增加而降低。图 3-3 为温度对太阳能电池的 I-U 特性的影响。

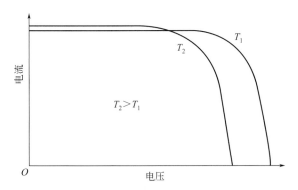

图 3-3　温度对太阳能电池 I-U 特性的影响

学习笔记

3.4　寄生电阻的影响

太阳能电池通常伴随着寄生电阻和分流电阻，如图 3-4 所示，两种寄生电阻都会导致填充因子 FF 降低。

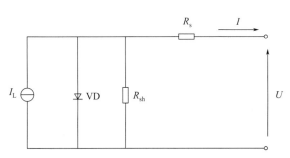

图 3-4　太阳能电池等效电路中的寄生串联电阻以及分流电阻

学习笔记

在任何一个实际的太阳能电池中都存在着串联电阻 R_s，其主要来源于电池的体电阻、表面电阻、金属接触与互连等。PN 结收集的电流必须经过表面薄层再流入最靠近的金属导线，这是一条存在电阻的路线，显然通过金属线的密布可以使串联电阻减小。一定的串联电阻 R_s 的影响会改变 I-U 曲线的位置，同时串联电阻也会影响填充因子（FF，Fill Factor，是衡量电池 PN 结质量以及串联电阻的参数），图 3-5 为串联电阻对太阳能电池填充因子的影响。

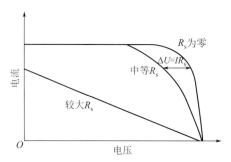

图 3-5　串联电阻对太阳能电池填充因子的影响

而分流电阻 R_{sh} 为旁漏电阻，它是硅片边缘不清洁或体内的缺陷引起的。图 3-6 是分流电阻对太阳能电池填充因子的影响。

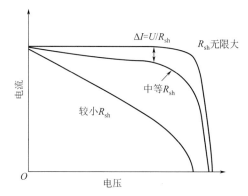

图 3-6　分流电阻对太阳能电池填充因子的影响

一个理想的太阳能电池，串联电阻 R_s 很小，而并联电阻 R_{sh} 很大。由于 R_s 和 R_{sh} 是分别串联和并联在电路中的，所以在进行理想的电路计算时，它们可以忽略不计。

习题3

1. 影响太阳能电池转换效率的因素有哪些？

2. 一片太阳能电池的面积为 $100cm^2$，当照射在电池面上的光照强度是 $1kW/m^2$，工作温度是 300K，电池的开路电压为 600mV，短路电流为 3.3A，设电池工作正常，计算在最大功率点时的转换效率。

3. 什么地方存在寄生电阻？其对太阳能电池有何影响？

4. 试绘图说明太阳能电池等效电路中的寄生串联电阻以及分流电阻影响 I-U 曲线的位置和填充因子情况。

5. 试绘图说明温度对太阳能电池 I-U 特性曲线的影响。

学习情境 四

太阳能电池技术指标和设计

学习目标

1. 了解在设计过程中影响太阳能电池效率的因素。
2. 掌握商业大规模生产的地面用太阳能电池的制造工艺。
3. 了解实验室环境下制造最高效的电池的制造工艺。
4. 了解激光刻槽-埋栅电池的主要特征。

学习任务

　　了解顶电极设计过程中应考虑的因素，了解实验室环境下制造的最高效的电池的制造工艺，熟悉商业大规模生产的太阳能电池和实验室环境下制造的太阳能电池性能巨大差异的原因。了解激光刻槽-埋栅太阳能电池的制造工艺。掌握在设计过程中影响太阳能电池效率的因素，为了使太阳能电池在工作中减少损失所需要采取的措施。

　　设计太阳能电池的顶电极时，设一个典型的硅太阳能电池的方块电阻 $\rho_\square = 10\Omega/\square$，电流密度 $J_{mp} = 25\mathrm{A/cm^2}$，$U_{mp} = 440\mathrm{V}$，那么要使横向电阻影响而引起的功率损失小于 4.5%，计算栅线间隔 S 的最大值。

思政课堂

　　航天器在太空飞行最要紧的问题就是电力供应。我国柔性砷化镓太阳能电池阵列的光电转换效率是普通柔性太阳能电池翼的 3 倍以上，代表着下一代航天器太阳能电池翼技术的发展方向。

案例引学

太阳能电池——
航天器的"翅膀"

引导问题

1. 在设计方面影响太阳能电池效率有几个要素?
2. 主要有哪些方面会引起光学损失? 有何方法来减少这些损失?
3. 有几种机理会产生复合损失?
4. 顶电极设计过程中应考虑哪些因素?
5. 商业大规模生产和实验室环境两种生产环境采用不同制造工艺的原因及其所带来的影响是什么? 为何能够引起如此巨大的性能差距?
6. 激光刻槽-埋栅电池相对于传统电池的制造工艺有哪些优势?

图 4-1   SunPower
商业化电池

4.1   光电转换效率

高效的太阳能电池要求有大的短路电流、开路电压与填充因子。但由于它们的相互影响和制约,并受到材料内在质量的影响以及制备工艺、开发运行成本等影响,使得太阳能电池的转换效率在工业生产中受限。

而太阳能电池的研究使得电池的转换效率持续提高,不断接近公认的理论极限值 30%。目前商业组件的效率有的已经超过了 20%。例如 SunPower 在过去 5 年中一直是世界光伏产业上的重量级选手。公司的背电极设计从 2005 年开始商业化,将金属电极转移到硅片的背面,增加电池正面的有效工作面积,消除冗余的连线。令人印象深刻的是 SunPower 能够在推出的一系列商业化电池上取得持续的转换效率提高,组件的效率也是如此。公司目前量产的 Gen 2 电池,其效率达到 22%。更新一代的 Gen 3 电池效率超过 23%。

图 4-1 为 SunPower 商业化电池。

4.2   光学损失

光学损失和复合损失会使电池输出低于理想值,即影响太阳能电池的效率。而光学损失主要是表面反射、遮挡损失和电池材料本身的光谱效应特性。

太阳能电池
光学损失

有许多方法可以减少这些损失。

① 将电池表面顶层的电极面积减到最少(虽然这将导致串联电阻的增加)。

② 在电池表面使用减反射膜。这层膜通过干涉作用,理论上将膜的上表面的光与半导体界面处反射回来的光相互抵消,其两者的相位差 180°,所以前者在一定程度上抵消了后者。

③ 通过表面制绒可以减少反射。任何粗糙的表面能增加反射光再弹回表面的概率,而不是将光直接反射到空气中,这样就减少了反射。

晶体硅表面通过沿着晶面的腐蚀（蚀刻）而被均匀地绒化。图 4-2 所示为扫描电子显微镜下绒面电池表面图片，由于入射光在表面的多次反射和折射，增加了光的吸收，其反射率很低，主要体现在短路电流的提高。

图 4-2 在扫描电子显微镜下绒面电池表面图片
[高 $10\mu m$ 的峰是方形底面金字塔的顶。这些金字塔的侧面是硅晶体结构中相交的（111）面]

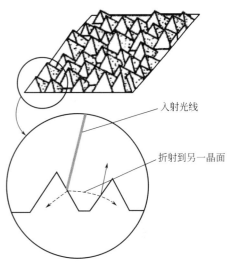

图 4-3 绒面结构减少光的反射

有效的绒面结构，有助于提高电池的性能。由于入射光在硅片表面的多次反射和折射，增加了光的吸收，其反射率很低，主要体现在短路电流的提高。所谓绒面结构的制备，即利用氢氧化钠稀释液、乙二胺和磷苯二酚水溶液、乙醇胺水溶液等化学腐蚀剂，对硅片表面进行绒面处理。如果以（100）面作为电池的表面，经过这些腐蚀液的处理后，硅片表面会出现（111）面形成的正方锥。这些正方锥像金字塔一样密布于硅片的表面，肉眼看来像丝绒一样，因此通常称为绒面结构，又称为表面织构化，如图 4-3 所示。经过绒面处理后，增加了入射光投射到硅片表面的机会，第一次没有被吸收的光被折射后投射到硅片表面的一晶面时仍然可能被吸收，这样可使反射率减少到 10% 以内。如果镀上一层减反射膜，还可进一步降低。

④ 电池背表面（也称后表面）的高反射减少了电池背电极的吸收，使背表面的光线被弹回，再度进入电池而有可能被吸收。如果背表面反射体能够完全随机式地打乱反射光的方向，光线可能会因为电池内部的全反射而被捕获在电池内。通过这种陷光方式（"陷光"指将光捕获），最多可以将入射光的路径长度扩大至 $4n^2$（约 50）倍，因此光线被吸收的可能性将显著地增加。背表面反射如图 4-4 所示。

太阳能电池对更大波长辐射的转换效率（或者红光响应），可以通过增加电池"背电场"的方式来改善，也就是降低背表面的复合速率。背电场通常通过加入一个重掺杂区域来实现。比如在电池背面丝网印刷一层铝，这层金属（相当于重掺杂层）与硅体中相对轻掺杂区之间形成一个低复合速率界面。背电场示意图如图 4-5 所示。

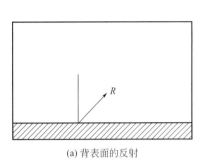
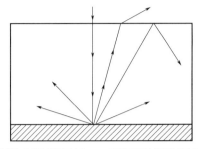

(a) 背表面的反射   (b) 随机式反射陷光结构——无规则反射导致光被捕获

图 4-4　背表面反射

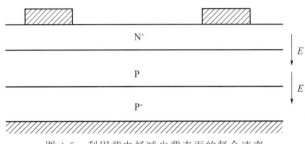

图 4-5　利用背电场减少背表面的复合速率

4.3　复合损失

太阳能电池的转换效率也会因为电子-空穴对在被有效利用之前复合而降低。适当波长的光照射在半导体上会产生电子-空穴对，因此，光照射时材料的载流子浓度将超过无光照时的值。如果切断光源，则载流子浓度就衰减到它们平衡时的值。这个衰减过程通称为复合过程。下面介绍几种不同的复合机理。

（1）辐射复合

辐射复合就是光吸收过程的逆过程，电子从高能态返回到较低能态，同时释放光能。这种复合方式在半导体激光器和发光二极管中适用，但是对硅太阳能电池来说并不显著。

太阳能电池
复合损失

（2）俄歇复合

俄歇复合就是碰撞电离效应的逆过程。电子和空穴复合释放出多余的能量，这些多余的能量被另一个电子吸收，随后，这个吸收了多余能量的电子弛豫返回原先的能态并释放出声子。俄歇复合在掺杂较重的材料中尤其显著。当杂质浓度超过 $10^{17} \mathrm{cm}^{-3}$ 时，俄歇复合成为最主要的复合过程。

（3）通过陷阱的复合

半导体中的杂质和缺陷会在禁带中产生允许能级。这些缺陷能级引起一种很有效的两级复合过程。在此过程中，电子从导带能级弛豫到缺陷能级，然后再弛豫到价带，结果与一个空穴复合。

（4）表面复合

表面可以说是晶体结构中有相当严重缺陷的地方。在表面处存在许多能量位于禁带中的允许能态。因此由上面所叙述的机构，在表面处复合很容易发生。

在实际电池中，以上复合损失因素的共同作用造成图 3-2 所示光谱响应。而电池设计者的任务是克服这些损失，从而改善电池性能。电池设计的特点体现了电池的特色，电池各不相同的设计特点同时也将市场上各种不同的商业组件区分开来。

4.4　上电极设计

　　为输出电池光电转换所获得的电能，必须在电池上制作正、负两个电极。所谓电极，就是与电池 PN 结形成紧密欧姆接触的导电材料。习惯上，把制作在电池光照面的电极称为上电极，又称顶电极，把制作在电池背面的电极称为下电极或背电极。

　　顶电极是用来收集太阳能电池产生的光生电流的，通常制成窄细的栅线状，分主栅线和副栅线。主栅线和外部导线直接相连，而副栅线是更细小的金属化区域，用来收集电流传输给主栅线。一个简单的顶电极设计如图 4-6 所示。顶电极设计的目标是通过优化电流收集来减少由于内部电阻和电池遮蔽而产生的损失。

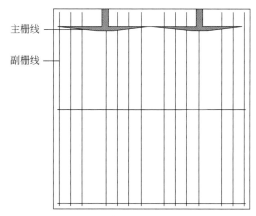

图 4-6　太阳能电池的顶电极设计

4.4.1　体电阻率和方块电阻

　　电池中产生的电流一般从电池的内部垂直地流向电池的表面，然后横向地通过顶部掺杂层，最后在顶层表面的接触被收集，如图 4-7 所示。

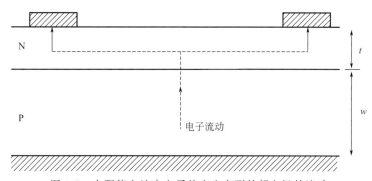

图 4-7　太阳能电池中电子从产生点到外部电极的流动

电池主体部分的电阻或称体电阻的定义为

$$R_b = \frac{\rho l}{A} = \rho_b \frac{w}{A}$$

　　考虑材料的厚度，l 是传导路径（有电阻）的长度；ρ_b 是体电池材料（硅太阳电池典型值为 $0.5 \sim 5.0 \ \Omega \cdot cm$）的体电阻率（电导率的倒数）；$A$ 是电池面积；w 是电池体区域的宽度。

　　类似地，对于顶部的 N 型层而言，方块电阻（在一些文献中等同于"方块电阻率"，也

称"薄层电阻")$\rho_\square$的定义为

$$\rho_\square = \frac{\rho}{t}$$

式中，ρ为该层的电阻率；t为该层的厚度。方块电阻$\rho_\square$的实际量纲是欧姆（Ω），一般用欧姆/方块或$\Omega/\square$来表示。

对于不均匀掺杂的 N 型层，如果ρ是不均匀的，则可以用"四探针"的实验方法测得方块电阻。

硅太阳能电池的方块电阻范围一般在$30\sim100\Omega/\square$以内。

4.4.2 栅线间隔

顶电极栅线的间隔是根据总的功率损失、最大功率点来进行计算的。例如，如果一个典型的硅太阳能电池的方块电阻$\rho_\square = 40\Omega/\square$，电流密度$J_{mp} = 30\text{A/cm}^2$，$U_{mp} = 450\text{mV}$，那么要使横向电阻影响而引起的功率损失小于$4\%$，必须使栅线间隔$S < 4\text{mm}$。

4.4.3 其他损失

除了前面讨论过的横向电流导致的功率损失，主栅线和副栅线也是导致多种损失的原

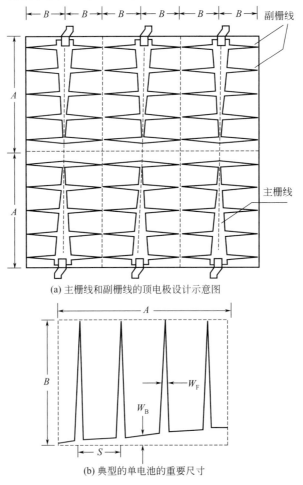

(a) 主栅线和副栅线的顶电极设计示意图

(b) 典型的单电池的重要尺寸

图 4-8 对称式接触设计方案

因。这些损失包括遮光损失、电阻损失（也称欧姆损失）以及接触电阻损失。图 4-8（a）是一种对称式接触设计方案，并可以分解成数个单元电池，如图 4-8（b）所示。

图 4-8（a）中也表示出这个设计的对称性。根据这种对称性电极，可以分解成 12 个相同的单电池。大体上，可以认为：

① 当主栅线电阻损失等于其遮光损失时，主栅线宽度（W_B）最佳；

② 渐缩（一端逐渐变细）的主栅线比宽度恒定的主栅线所引起的损失小；

③ 单元电池的尺寸、副栅线宽度（W_F）以及副栅线的间距（S）越小，引起的损失就越小。

很显然，由于必须允许光进入电池以及实际制造的限制，对于第三点必须折中考量，金属栅格线和半导体接触界面处的接触电阻损失，对于副栅线而言比对于主栅线更为重要。为了保证顶接触的低损失、顶部的 N^+ 层要尽可能地重掺杂，这可以确保较小的方块电阻（$\rho_\square$）以及较低的接触电阻损失。

然而，高掺杂浓度会产生其他的问题。如果将大量的磷扩散到硅中，那么多余的磷将附着在电池片表面，形成一个"死层"。在死层中光生载流子很难被收集。由于这个死层，很多商业电池的蓝光响应很差。

4.5　实验室电池与工业要求的对比

为了制作更为高效的硅太阳能电池，在实验室制造环境下使用的一些技术和设计包括：

- 轻扩散的磷发射区，这是为了减少复合损失，并避免电池表面产生"死层"；
- 间隔紧密的金属栅线，这是为了使发射区横向电阻引起的功率损失最小化；
- 极细的金属栅线，宽度一般小于 $20\mu m$，其目的是尽可能地减少遮光损失；
- 抛光或研磨表面，从而可以通过光刻的方法形成顶电极栅线的图案；
- 小面积器件和良好的金属传导性，可以将金属栅线的电阻降到最小；
- 减小电极的面积，以及重掺杂位于电极下方的硅表面，使复合率尽可能降低；
- 使用贵金属的金属化方案，如钛-钯-银，从而获得极低的接触电阻；
- 有效的背面钝化，以减小复合；
- 减反射膜的使用，能使表面反射从 30％ 减小到远低于 10％ 以下。

出于减少处理步骤以及降低成本的考虑，以下技术通常不会在工业生产中使用：

- 光刻工艺；
- 钛-钯-银蒸发接触；
- 双层减反射膜；
- 小面积器件；
- 抛光或研磨硅片的使用。

为了确保产品可以商业化，工业生产要求：

- 廉价的材料和加工过程；
- 简易的技术和工艺；
- 高产量；
- 大面积器件；
- 较大的金属接触面积；
- 绒化表面相兼容的工艺。

典型的大规模生产商业太阳能电池制造步骤如下。

📝 **学习笔记**

① 通过表面制绒形成金字塔。通过使被金字塔表面反射的光线，在逃离电池表面时至少撞击另一个金字塔表面一次，使入射光反射率从大约33％减小到11％。

② 上表面磷扩散，以提供一层既薄而又重掺杂的N型层。

③ 通过丝网印刷，在电池背面覆盖铝浆或银铝浆，然后烧结形成背电场和背金属电极。

④ 化学清洗。

⑤ 丝网印刷并烧结正面银电极。

⑥ 边缘结隔绝（去除边缘结），以切断正面电极（顶电极）和背面电极之间的传导（短接）路径。

4.6 激光刻槽-埋栅太阳能电池（BCSC）

新南威尔士大学开发的激光刻槽-埋栅电池（图4-9），是在发射结扩散后，用激光在前面刻出20μm宽、40μm深的沟槽，将槽清洗后进行浓磷扩散。然后在槽内化学镀铜，以形成电极。

相对于传统电池的制造工艺，BCSC具有以下优势：高电极纵横比（接触电极的厚/宽比例较大）；极细的顶电极栅线（20μm宽）；随机绒面，降低了表面反射率；在大面积器件上的遮光损失，从丝网印刷电池的10％～15％减少到2％～3％；选择性发射极，获得了最佳的光谱响应及最小的接触电阻；刻槽的宽度不变，通过增加它的深度来增加金属的横截面积，而不增加遮光面积；能够在无性能损失的前提下增大器件尺寸；激光刻槽埋栅电极（LGBC）达到了最小的遮光率，高电导率的铜电极；

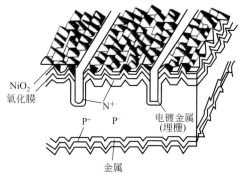

图4-9 BCSC太阳能电池

非常简单的生产过程；由此类电池发电的成本显著低于标准丝网印刷电池；高达20％的大面积太阳能电池效率和高达18％的组件效率已被证实，而使用丝网印刷技术制造的电池效率通常分别只能达到14％和11％。

它被作为聚光太阳能电池使用时，还有额外的优势：在较低成本的多晶或者单晶材料衬底上可以达到更高的效率；可以使用成本更低的镍-铜镀金；"自对准"的工艺流程；仅在刻槽区域采取更深的扩散掺杂，有效地避免了金属与发射区的直接接触，同时确保了发射区的低掺杂浓度，因而更为高效；通过使用轻掺杂的发射区来避免上表面"死层"的产生，从而显著改善电池对于短波光的响应；大面积的镀金槽壁和重掺杂的接触区域，减小了接触电阻。

激光刻槽-埋栅太阳能电池的制造工艺流程如下：表面制绒→表面磷扩散和氧化→激光刻槽→化学清洗→槽壁磷重扩散→背表面铝金属化与烧结→顶电极、背电极同时进行电镀（镍-铜-银）→边缘结隔绝。

新南威尔士大学的研究人员在1993年开发了工艺改良的埋栅太阳能电池，使之更为高效廉价。它与最初的埋栅太阳能电池工艺的主要差别，是新工艺在电池背面采用硼掺杂的凹槽，并将铝沉积和烧结步骤从生产过程中去除。这种电池的批量生产效率已达17％，因此已具有工业化生产的意义。目前我国这种电池的实验室效率为19.6％。

4.7 光电转换效率的提高

太阳能电池最关键的指标是电池转换效率，铝背场电池效率为 19%，发射极和背面钝化 PERC 电池效率为 21.5%，目前 PERC 电池的各种增强型不断出现。

（1）发射极和背面钝化电池 PERC 技术

铝背场 BSF 电池由于背表面的金属铝膜层中的复合速度无法降至 200cm/s 以下，致使到达铝背层的红外辐射光只有 $60\%\sim70\%$ 能被反射，损失大，而 PERC 技术通过钝化层创新，减少了光电损失，提升了 1% 的转换效率。

（2）提高效率的异质结（HJT）电池技术

异质结（HJT）是一种特殊的 PN 结，由非晶硅和晶体硅材料形成，是在晶体硅上沉积非晶硅薄膜，是 N 型电池的一种，实验室效率达到 26% 以上，现有主流厂商的平均量产效率达到 23%。

（3）隧穿氧化层钝化接触电池技术 TOPCon

PERC 电池金属电极仍与硅衬底直接接触，金属与半导体接触界面产生能带弯曲，大量的少子复合，降低效率。用薄膜将金属与硅衬底隔离减少少子复合，在电池背面制备一层超薄氧化硅，然后再沉积一层掺杂硅薄层，二者共同形成了钝化接触结构。氧化层使电子隧穿进入晶硅层，阻挡空穴复合，提升电池开路电压、短路电流，电池转化效率达到 26%。

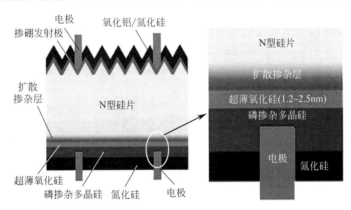

图 4-10　TOPCon 电池结构示意图

习题 4

1. 试述设计中影响太阳能电池效率的几个要素。

2. 写出哪些方面会引起光学损失？有何方法来减少这些损失？

3. 试述产生复合损失的几种机理。

4. 描述顶电极设计过程中应考虑的因素。

5. 大规模生产的地面用太阳能电池的效率，总是比在实验室环境下制造的最高效的电池要低很多。讨论两种生产环境采用不同制造工艺的原因及其所带来的影响，并且解释这些因素为何能够引起如此巨大的性能差距。

6. 激光刻槽-埋栅电池相对于传统电池的制造工艺有哪些优势？

光伏电池片和组件装配

 学习目标

1. 了解光伏电池互连和光伏电池组件串并联工作原理。
2. 掌握加工过程中各种数据计算。
3. 掌握光伏电池、组件加工技能。

 学习任务

1. 设在组件中所有电池片的理想因子都是1，忽略温度影响，求在被遮挡的某一个电池片上所消耗的能量与被遮挡区域面积/总面积百分比之间的函数关系。

2. 在掌握光伏电池互联和光伏电池组件的装配技能基础上，设已有面积 165mm×165mm，功率 3.89W，效率 16%，101 条件下输出电压 U 0.6V 电池片，设计 300mm×350mm 光伏组件，输出功率2W，输出电压6V，根据设计采用激光划片调整电池片面积大小，采用正确组件加工工艺，完成组件产品的设计和制造。

思政课堂

我国火箭"心脏"焊接人高凤林，通过高超的技艺和精湛的技能，以严谨细致、专注负责的工作态度，秉持精雕细琢、精益求精的工作理念，攻克了发动机喷管焊接技术世界级难关，为我国多系列运载火箭研制做出了突出贡献。

案例引学

火箭"心脏"焊接人故事

引导问题

1. 请描述光伏电池片基本组成及各组成部分的特性。
2. 什么是光伏组件产生失谐损耗的原因？
3. 什么是光伏电池片抗候性和温度因素？试述产生原因与解决方案。
4. 什么是热点过热和失谐问题？如何处理？
5. 光伏组件装配工艺过程有哪些？实际操作技能应注意什么？

5.1　场地条件和要求

(1) 原材料库房

原材料库房室内清洁、卫生，物品统一在货架上放置。存放的物品包括焊带、白玻璃、背板纸、特氟龙高温布、层压机胶板、胶条、铝合金型材、硅胶、纸箱、打包带、木托盘。

(2) 电池片库房

光伏电池片库房安装空调，确保室内清洁、干燥。主要存放组件需要的光伏电池片、乙烯-醋酸乙烯共聚物（EVA）胶膜。

(3) 装配区

装配区主要用于光伏电池组件装配生产，室内清洁卫生，严格保持恒温。

(4) 成品库

成品库用于光伏电池组件成品的存放，是组件装框后经检测合格的组件成品存放区。

(5) 场地要求

明确组件装配流程，各工序及设备的安装布局基本上遵循"U"形排布原则。封装区内要求分选区（单片电池块测试对环境要求高）和组件测试区（严格环境要求）有独立空间，其他区域之间无需间隔。

① 分选区　要求有独立空间，主要设备是一台激光划片机。安装空调，以避免外界环境对光伏电池片测试结果的影响。需由1~2人单班操作，完成单片电池的划片和电池片的测试。

② 单焊区　分选后的单片电池块，由1~3人在单焊区域内进行焊接。

③ 串焊区　单焊后的单片电池块，由1~3人在串焊区焊接成电池串。串焊后的电池串放在电池串暂放台上，移动电池串时要轻拿轻放。注意保持电池串焊接完好，不要发生断裂。为了操作方便，电池串暂放台可根据实际情况确定数量及位置。

④ 叠层区　用于层压之前的叠层，由3~4人配合操作，叠层好的组件放在"叠层支架"上。

⑤ 玻璃清洗区　层压时，在EVA外面需要再覆盖一层玻璃，所以玻璃在层压前要进行清洗，通过玻璃清洗机去除污垢。

⑥ 层压区　层压机工作区，常用的半自动层压机层压面积为1100mm×2200mm。层压机可封装156规格电池片72片组件一块，且可同时装配多块小功率的组件，效率较高。层压区占地面积约为4m×4m，区域内摆放两张工作台，用于放置层压后的电池组件并切边。切边之后的电池组件放在"待装框组件支架/周转车"上。为了操作方便，层压区分配2~3人操作。

⑦ 装框区　将切边后的组件装框。选用装框机进行操作。装框过程中用到的胶质有可能会污染到玻璃表面，所以要用酒精进行清洗擦拭组件表面。在装框区域内同时完成接线盒的安装。由4~6人完成组件装框、玻璃表面清洗，并负责将酒精清洗玻璃后的组件由指定出口转送至组件测试区。

⑧ 组件测试区　组件测试区要求有独立空间，区域内进行组件测试并贴标签。为避免外界环境对测试数据的影响，要求在组件测试区打开空调，保持恒温状态。组件测试由2~3人操作，完成后由指定出口运送到包装区。

⑨ 包装区　包装区由2~3人操作，进行组件包装，完成后送往成品库。

（6）主要设备（表 5-1 和表 5-2）。

表 5-1　光伏电池组件装配生产线主要设备参考表

序号	名　称	规格型号	数量	备　注
1	太阳光伏电池组件层压机	ZDL2.2-2.2OB	1 台	对电池组件进行层压
2	台式组件测试仪	SMT-B 型	1 台	对装配好并清洗之后的电池组件进行测试
3	装框机（最大组框长度 2000mm）	ZDZK-Ⅲ	1 台	对层压后的电池组件装框
4	激光划片机	SYS50B	1 台	层压前,对准备叠层的电池组件划片
5	玻璃清洗机	ZDF-Q	1 台	低铁含量卷制玻璃进行清洗

表 5-2　组件装配生产线辅助设备参考表

序号	名　称	数量	用　途
1	单焊工作台（加热）	2 工位	单片电池的焊接
2	串焊工作台	2 工位	电池串焊接
3	叠层台（不带玻璃）	1 个	电池组件层压之前,将玻璃、EVA、电池串、背板叠层并固定
4	15 层叠层放置架	2 个	将叠层好的电池组件置于其上面,等待层压
5	电池串暂放台	2 个	放置电池串,等待叠层
6	整理台（两层）	1 个	上面放 TPT 和 EVA,下层放玻璃
7	清洗台	1 个	组件清洗操作台
8	切边工作台	1 个	层压之后,将组件周边的 EVA 切除
9	运转推车	2 个	将分选后的单片电池运转至单焊区
10	TPT 柜	1 个	储存 TPT
11	串焊模板	2 个	串焊时固定电池片位置的模板
12	互连条剪裁架	1 台	剪裁互连条
13	叠层检查架（有调整脚）	1 台	层压之前检查组件叠层质量
14	分切台（不包括玻璃）	1 台	切割 EVA、TPT 工作台

5.2　电池片制造工艺与检测技术

太阳能电池片的生产工艺流程分为硅片清洗检测、表面腐蚀、表面制绒及清洗、扩散制结、去磷硅玻璃、等离子刻蚀及酸洗、镀减反射膜、低温烘干、丝网印刷、背场钝化、低温烘干、高温快速烧结、测试分挡等步骤。

（1）硅片清洗检测

硅片是太阳能电池片的载体,硅片质量的好坏直接决定了太阳能电池片转换效率的高低,因此需要对来料硅片进行检测。该工序在硅片清洗后,主要用来对硅片的一些技术参数进行在线测量,这些参数主要包括硅片表面不平整度、少子寿命、电阻率、P/N 型和微裂纹等。该组设备分自动上下料、硅片传输、系统整合和四个检测模块。其中,光伏硅片检测仪对硅片表面不平整度进行检测,同时检测硅片的尺寸和对角线等外观参数;微裂纹检测模块用来检测硅片的内部微裂纹;另外还有两个检测模块,其中一个在线测试模块主要测试硅片体电阻率和硅片类型,另一个模块用于检测硅片的少子寿命。在进行少子寿命和电阻率检测之前,需要先对硅片的对角线、微裂纹进行检测,并自动剔除破损硅片。硅片检测设备能够自动装片和卸片，并且能够将不合格品放到固定位置，从而提高检测精度和效率。

（2）表面腐蚀

可以采用碱性腐蚀和酸性腐蚀，其中酸性腐蚀产生有毒物质，碱性腐蚀是利用氢氧化钠对多晶硅的腐蚀作用，去除硅片在多线切割锯切片时产生的表面损伤层，同时利用氢氧化钠对硅腐蚀的各向异性，争取表面较低反射率的表面织构。

现有多晶硅片是由长方体晶锭被多线切割锯切成一片片多晶硅方片。由于切片是钢丝在金刚砂溶液作用下多次往返削切成硅片，金刚砂硬度很高，会在硅片表面带来一定的机械损伤。如果损伤不去除，会影响太阳能电池的填充因子。

氢氧化钠俗称烧碱，是在工业生产中大量应用的化工产品，由电解食盐水而得，价格比较便宜。纯氢氧化锂、氢氧化钾也可以与硅起反应，但价格较贵。

碱性腐蚀的优点是反应生成物无毒，不污染空气和环境，不像 $HF-HNO_3$ 酸性系统会生成有毒的 NO_x 气体污染大气。另外，碱性系统与硅反应基本处于受控状态，有利于大面积硅片的腐蚀，可以保证一定的平行度。

（3）表面制绒

机械刻槽利用 V 形刻槽刀在硅表面摩擦，形成规则的 V 形槽。实践证明，35° V 形槽的反射率最低，这种方式形成的绒面规则，而且一致性较高，但是加工效率很低，不能适应大批量生产的要求。

单晶硅绒面的制备是利用硅的各向异性腐蚀，在每平方厘米硅表面形成几百万个四面方锥体，也即金字塔结构。由于入射光在表面的多次反射和折射，增加了光的吸收，提高了电池的短路电流和转换效率。硅的各向异性腐蚀液通常用热的碱性溶液，可用的碱有氢氧化钠、氢氧化钾、氢氧化锂和乙二胺等。大多使用廉价的浓度约为 1% 的氢氧化钠稀溶液来制备绒面硅，腐蚀温度为 $70\sim85℃$。为了获得均匀的绒面，还应在溶液中酌量添加醇类，如乙醇和异丙醇等作为络合剂，以加快硅的腐蚀。制备绒面前，硅片须先进行初步表面腐蚀，用碱性或酸性腐蚀液蚀去约 $20\sim25\mu m$。在腐蚀绒面后，进行一般的化学清洗。经过表面准备的硅片不宜在水中久存，以防沾污，应尽快扩散制结。

（4）扩散制结

太阳能电池需要一个大面积的 PN 结以实现光能到电能的转换，而扩散炉即为制造太阳能电池 PN 结的专用设备。管式扩散炉主要由石英舟的上下载部分、废气室、炉体和气柜等四大部分组成。扩散一般用三氯氧磷液态源作为扩散源。把 P 型硅片放在管式扩散炉的石英容器内，在 $850\sim900℃$ 高温下使用氮气将三氯氧磷带入石英容器，通过三氯氧磷和硅片进行反应，得到磷原子。经过一定时间，磷原子从四周进入硅片的表面层，并且通过硅原子之间的空隙向硅片内部渗透扩散，形成了 N 型半导体和 P 型半导体的交界面，也就是 PN 结。这种方法制出的 PN 结均匀性好，方块电阻的不均匀性小于 10%，少子寿命可大于 10ms。制造 PN 结是太阳能电池生产最基本也是最关键的工序，因为正是 PN 结的形成，才使电子和空穴在流动后不再回到原处，这样就形成了电流，用导线将电流引出，就是直流电。

（5）去磷硅玻璃

该工艺用于太阳能电池片生产制造过程中，通过化学腐蚀法，也即把硅片放在氢氟酸溶液中浸泡，使其产生化学反应，生成可溶性的络合物六氟硅酸，以去除扩散制结后在硅片表面形成的一层磷硅玻璃。在扩散过程中，$POCl_3$ 与 O_2 反应生成 P_2O_5，淀积在硅片表面。P_2O_5 与 Si 反应又生成 SiO_2 和磷原子，这样就在硅片表面形成一层含有磷元素的 SiO_2，称之为磷硅玻璃。去磷硅玻璃的设备一般由本体、清洗槽、伺服驱动系统、机械臂、电气控制系统和自动配酸系统等部分组成，主要动力源有氢氟酸、氮气、压缩空气、纯水、热排风和废水。氢氟酸能够溶解二氧化硅，是因为氢氟酸与二氧化硅反应生成易挥发的四氟化硅气体。若氢氟酸过量，反应生成的四氟化硅会进一步与氢氟酸反应，生成可溶性的络合物六氟硅酸。

(6) 等离子刻蚀

由于在扩散过程中，即使采用背靠背扩散，硅片的所有表面包括边缘都将不可避免地扩散上磷，PN结的正面所收集到的光生电子会沿着边缘扩散有磷的区域流到PN结的背面，而造成短路。因此，必须对太阳能电池周边的掺杂硅进行刻蚀，以去除电池边缘的PN结。通常采用等离子刻蚀技术完成这一工艺。等离子刻蚀是在低压状态下，反应气体CF_4的母体分子在射频功率的激发下，产生电离并形成等离子体。等离子体是由带电的电子和离子组成，反应腔体中的气体在电子的撞击下，除了转变成离子外，还能吸收能量并形成大量的活性基团。活性反应基团由于扩散或者在电场作用下到达SiO_2表面，在那里与被刻蚀材料表面发生化学反应，并形成挥发性的反应生成物，脱离被刻蚀物质表面，被真空系统抽出腔体。

(7) 镀减反射膜

抛光硅表面的反射率为35%。为了减少表面反射，提高电池的转换效率，需要沉积一层氮化硅减反射膜。工业生产中常采用PECVD设备制备减反射膜。PECVD即等离子增强型化学气相沉积。它的技术原理是利用低温等离子体作能量源，样品置于低气压下辉光放电的阴极上，利用辉光放电使样品升温到预定的温度，然后通入适量的反应气体SiH_4和NH_3，气体经一系列化学反应和等离子体反应，在样品表面形成固态薄膜，即氮化硅薄膜。一般情况下，使用这种等离子增强型化学气相沉积的方法沉积的薄膜厚度在$70nm$左右，这样厚度的薄膜具有光学的功能性。利用薄膜干涉原理，可以使光的反射大为减少，电池的短路电流和输出就有很大增加，效率也有相当的提高。

(8) 丝网印刷

太阳能电池经过制绒、扩散及PECVD等工序后，已经制成PN结，可以在光照下产生电流，为了将产生的电流导出，需要在电池表面上制正、负两个电极。制造电极的方法很多，而丝网印刷是目前制作太阳能电池电极最普遍的一种生产工艺。丝网印刷是采用压印的方式将预定的图形印刷在基板上，该设备由电池背面银铝浆印刷、电池背面铝浆印刷和电池正面银浆印刷三部分组成。其工作原理为，利用丝网图形部分网孔透过浆料，用刮刀在丝网的浆料部位施加一定压力，同时朝丝网另一端移动。油墨在移动中被刮刀从图形部分的网孔中挤压到基片上。由于浆料的黏性作用，使印迹固着在一定范围内，印刷中刮板始终与丝网印版和基片呈线性接触，接触线随刮刀移动而移动，从而完成印刷行程。

(9) 背场钝化

硼背场有望取代铝背场，由于硼的扩散浓度比铝高一个数量级，可以增强背场强度，提高钝化水平。

(10) 快速烧结

经过丝网印刷后的硅片，不能直接使用，需经烧结炉快速烧结，将有机树脂粘合剂燃烧掉，剩下几乎纯粹的、由于玻璃质作用而密合在硅片上的银电极。当银电极和晶体硅在温度达到共晶温度时，晶体硅原子以一定的比例融入到熔融的银电极材料中去，从而形成上、下电极的欧姆接触，提高电池片的开路电压和填充因子两个关键参数，使其具有电阻特性，以提高电池片的转换效率。

烧结炉分为预烧结、烧结、降温冷却三个阶段。预烧结阶段的目的是使浆料中的高分子粘合剂分解、燃烧掉，此阶段温度慢慢上升。烧结阶段中烧结体内完成各种物理化学反应，形成电阻膜结构，使其真正具有电阻特性，该阶段温度达到峰值转入降温冷却阶段，玻璃冷却硬化并凝固，使电阻膜结构固定地黏附于基片上。

（11）测试分挡

① 分选工艺要求　将太阳能电池片按照质量分级及生产技术文件的要求进行分挡。

a. 按转换效率分选。单晶 a 类片的转换效率要≥14％，单晶 b 类片的转换效率要≥13.5％。多晶 a 类片的转换效率要≥13.5％，多晶 b 类片的转换效率要≥13％。125mm×125mm 电池片的功率在 2.4W 以上，156mm×156mm 电池片的功率在 3.4W 以上，按转换效率每（0.25％±0.01）W 为一挡进行分选。

b. 按外观分选。检查电池片有无缺口、崩边、划痕、花斑、栅线印反以及表面氧化情况等。正极面检查有无暗裂纹、主栅线印刷是否良好。将不良品按功率分开放置并做好标记。

c. 将外观分选合格的电池片根据目测按颜色进行分组。颜色分为浅蓝色、深蓝色、暗红色、黑色、暗紫色等。一般每一板组件选用的电池片颜色要尽量一致，不能将颜色差别比较大的电池片分在一块组件上。

d. 按计划生产的板型规格和数量要求进行电池片分选，以每板电池片用量如 36 片、54 片、60 片、72 片等为一个单位，用泡沫盒等进行装载，交由单焊工序或单焊工序人员领取。

e. 拿取电池片时要使用专用夹具，并戴一次性手套或手指套，不得裸手触及电池片。

f. 分选下来的缺边角的电池片要根据质量等级归类，切割后为小功率组件使用。

② 电池片的电性能测试

a. 测试前要使用标准电池片对测试仪器进行校准，测试误差不超过±0.01W。

b. 标准片测试误差大时，要对测试仪器进行参数调整，并记录校准结果。

c. 按需要分选电池片的批次、规格标准选取被测试标准电池片。

d. 开启测试仪，按下测试仪操作面板电源开关，预热 2min，按下"量程"按钮。

e. 用标准电池片将测试仪的测试参数调整到标准值，检查确认压缩空气的压力正常。

f. 将待测试的电池片放到测试台上进行分选测试。待测电池片有栅线的一面朝上，放置在测试台的铜板上，调整测试电极位置，使其正好压在电池片的主栅线上，保证电极接触良好。踩下脚阀进行测试，根据测得的电流值进行分挡。

g. 将分选出来的电池片按照测试的数值分为合格和不合格两类，并放置在相应的盒子里标示清楚。合格的电池片在检测后按每 0.05W 为一挡分挡放置。

h. 测试完成后整理电池片，以每 100 片作为一个包装单位，清点好数目并做相应的记录。

i. 测试完毕，按操作规程关闭测试仪。

③ 测试注意事项

a. 测试前，要对测试仪进行标准片校准，保证测试数据的准确性。

b. 分选电池片时要轻拿轻放，避免损坏。分类和摆放时要按规定放在指定的泡沫盒或区域内。

c. 装盒和打包时需要清点核对数目，并且确保包装的完整性。

d. 测试过程中操作者必须戴上一次性手套或手指套，禁止不戴手指套进行测试分选。

e. 测试分选后要整理电池片，禁止合格与不合格的电池片混合掺杂放置。

f. 记录并填写相关文件数据记录。

g. 在测试中如果发现测出的参数不稳定或测试仪有异常，应立即停止测试，找出原因或报告技术管理人员进行调整和检修，正常后，方可继续操作。

（12）外围设备

在电池片生产过程中，还需要供电、动力、给水、排水、暖通、真空等外围设施。消防和环保设备对于保证安全和持续发展也显得尤为重要。一条年产 50MW 能力的太阳能电池片生产线，仅工艺和动力设备用电功率就在 1800kW 左右。工艺纯水的用量在每小时 15t 左右，水质要求达到中国电子级水 GB/T 11446.1—1997 中 EW-1 级技术标准。工艺冷却水用量也在每小时 15t 左右，水质中微粒粒径不宜大于 $10\mu m$，供水温度宜在 $15\sim20℃$。真空排气量在 $300m^3/h$ 左右。同时，还需要大约氮气储罐 $20m^3$，氧气储罐 $10m^3$。考虑到特殊气体如硅烷的安全因素，还需要单独设置一个特气间，以绝对保证生产安全。另外，硅烷燃烧塔、污水处理站等也是电池片生产的必备设施。

5.3　光伏电池组件设计

光伏电池组件和电路设计

光伏电池很少单个使用，把具有相似特性的光伏电池片连接起来（互连）并装配成光伏电池组件，形成光伏电池阵列的基本组体单元。单个单晶硅电池片所能达到的最大电压为 0.61mV，所以光伏电池板一般被串联在一起，这样可以得到所要求的电压值。实际情况下，36 个电池串联在一起形成一个额定电压为 12V 的发电系统。

5.3.1　光伏电池的串并联设计

光伏电池（PV Cell/Solar cell）产生的电流是直流电。PV 模板（PV Module，又称为 PV Panel）采用多只太阳电池串联的方式提升电压，并采用坚固的材料封装，符合实际应用要求。PV 组列（PV String）将模板多片串联成一列，组列的目的在于提高电压，将 3 片模板电压 20V、5A 串联成组列，组列电压即有 60V，电流为 5A。PV 阵列（PV Array）采用多个组列并联的方式，即阵列（数组）。阵列的目的在于提高电流，将 3 串组列电压 60V、5A 并联成数组，数组电压为 60V，电流为 15A。PV 阵列形成过程如图 5-1 所示。

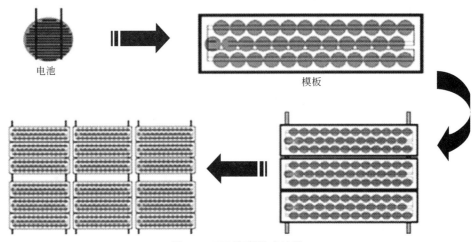

图 5-1　PV 阵列形成过程

在峰值日照（$100mW/cm^2$）情况下，一块电池板的最大电流大约是 $30mA/cm^2$，所以电池板并联在一起可以得到实际使用中要求的大电流。图 5-2 说明了串并联连接的光电池组件电路的典型连接系统和标准分布。

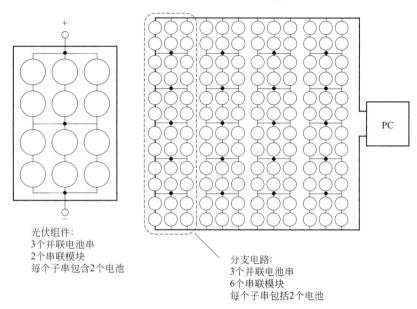

图 5-2 光伏电池组件电路设计的典型连接系统

如图 5-3 所示，光伏电池组件的结构是把太阳能电池元件排列好，串联连接做成组件。可见，为驱动电子装置，需要一定的高压，而该组装方法存在的问题是成本高，接线点太多，从可靠性的观点来看接线点太多是不利的。

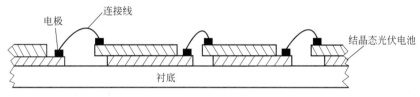

图 5-3 一般民用的组件连接

电力用的太阳能电池组件一般安装在户外，除了太阳能电池组件本身以外，还必须采用能经受雨、风、沙尘和温度变化甚至冰雹袭击等的框架、支撑板和密封树脂进行完好的保

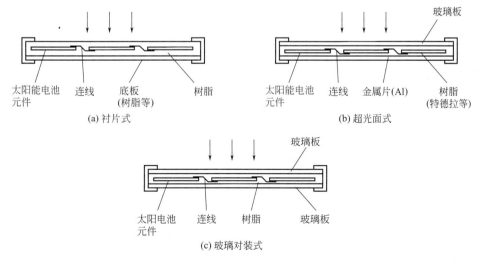

图 5-4 电力用光伏电池组件结构

护。越来越多的电力用光伏电池组件的结构不断被研发出来，图 5-4 所示的是衬片式结构，是在光伏电池的背后放一块衬片作为组件的支撑板，其上用透明树脂将整个光伏电池封住，支撑板采用纤维钢化塑料（FRP）。

5.3.2 光伏电池组件构造

光伏电池阵列经常用于荒芜和偏远环境，那些地方没有中央电网或不适合燃料系统的运行，这种情况下，光伏电池组件必须能够扩充和无维护运转。生产商已经能够保证光伏电池组件寿命 20 年以上，现在光伏产业界正努力研发 30 年寿命的组件。光伏电池组件封装是影响电池寿命的主要因素，图 5-5 是一个典型的封装示意图。

光伏电池组件构造

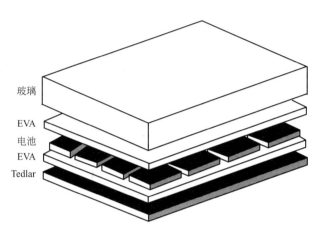

图 5-5　层状组件封装结构

光伏电池阵列安装标准是企业生产的原则，组件一定是制造商测试合格的产品。一个组件样品的合格标准：电学、光学和机械结构检查合格，即组件表面没有明显的缺陷；经过单个测试后的光伏电池组件的最大输出功率的降格小于 5%，所有样品测试后的最大输出功率降格小于 8%；绝缘性测试和高压测试合格；组件无明显的短路或接地故障。

（1）光伏电池组件抗候性

光伏电池组件必须能够经受像灰尘、盐、沙子、风、雪、潮湿、雨、冰雹、鸟、湿气的冷凝和蒸发、大气气体污染物、每日及每季温度的变化带来的影响，能在长时间紫外光照射下保持性能。图 5-6 显示在城市和乡村环境下，光伏电池组件短期性能的降格。典型的组件短期性能损失是由于城市和乡村环境中灰尘的堆积污染。

光伏电池组件顶部盖板必须具有并且保持对于 350~1200nm 波段太阳光的良好透过率。盖板必须具有良好的抗冲击性能，具有坚硬、光滑、平坦、耐磨，以及能利用风、雨或喷洒的水进行自我清洁的抗污表面。整个组件结构必须防止水、灰尘或其他物质存留，去除表面突出。长久湿气的渗入是组件失效的原因。水蒸气在电池板或者电路上的冷凝会导致短路或者组件被腐蚀，所以组件必须对气体、蒸汽或液体有很强的抵御性。组件最容易被破坏的地方是光伏电池块和封装材料之间的界面，以及所有不同材料相接触的界面。用于粘结的材料必须精心选择，这样保证界面在极限环境下良好附着。通常的封装材料是乙烯-醋酸乙烯共聚物（EVA）、特氟龙（Teflon）和铸造树脂。EVA 被广泛应用于标准组件，通常在真空室中处理。Teflon 用于小型特殊组件上，它的前面不再需要覆盖玻璃。树脂封装有时被用在建筑一体化的大型光伏电池组件上。

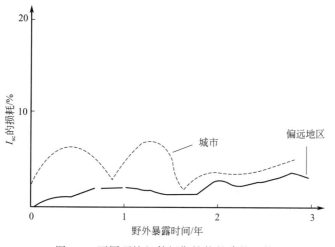

图 5-6 不同环境组件短期性能的降格比较

（2）温度因素

对于硅晶体而言，需要光伏电池组件尽可能在较低的温度下运行，因为低温下电池的输出会有所增加，热循环和热应力减小，当温度升高 10℃ 时，降格速率会增长 1 倍。为了减小光伏电池组件的降格速率，最好能够排除红外辐射，因为红外线的波长太长，不能被光伏电池很好吸收，具体实施方案还在研究当中。光伏电池组件和阵列可以利用辐射、传导和对流机制进行冷却，并使无用辐射的吸收尽可能降低。通常情况下组件热量的散失中，对流和辐射各占一半。

对于不同的封装类型，组件热特性不同，制造商正是利用这点，制造不同产品来满足市场需求。组件类型有海洋组件、注塑成型组件、袖珍型组件、层压式组件、光伏屋顶瓦片、建筑一体化薄板。图 5-7 说明了当温度升高到环境温度以上时光伏电池组件类型的选择，组件温度与环境温度之差与光照射强度的增加大约呈线性关系。

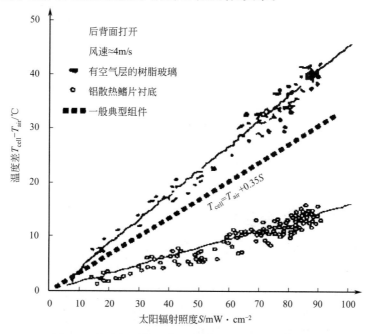

图 5-7 电池与环境温度差随着光照强度增强而增大

光伏电池额定工作温度（T_{NOC}）是电池处于开路状态，并在光强 $800W/m^2$、气温 20℃、风速 $1m/s$ 情况下，组件支架后背面打开时达到的温度。图 5-7 中，性能最佳的光伏电池组件在运行时 T_{NOC} 为 33℃，典型组件运行在 48℃，最差组件运行在 58℃。用来估算光伏电池温度的近似表达式如下：

$$T_{cell} = T_{air} + \frac{T_{NOC} - 20}{800} \times S \tag{5-1}$$

式中，T_{cell} 是电池温度，℃；T_{air} 是空气或环境温度，℃；S 是光照强度，W/m^2；T_{NOC} 是光伏电池额定工作温度，℃。当风速很大时，组件的温度将会比这个值低，但在静态情况下温度较高。对于嵌入建筑体的光伏电池组件，温度效应尤其要重视，必须确保尽可能多的空气流经组件的背面，以防止温度过高。光伏电池封装密度（有效电池面积占组件总面积的比值）同样对温度有影响，封装密度较低的光伏电池 T_{NOC} 低（密度 50% 时 T_{NOC} 为 41℃，密度 100% 时 T_{NOC} 为 48℃）。图 5-8 是圆形和正方形电池的封装形式。

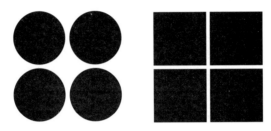

图 5-8　光伏电池的典型封装形式

具有白色背面并在组件中稀疏排列的光伏电池，通过"零深度聚光效应"，同样可以使输出有所增加，如图 5-9 所示。部分光线照射到光伏电池的电极部分以及电池之间的组件区域，光线被散射后最终照射到组件的有效区域。

热膨胀是设计组件时必须考虑到的另一种温度效应，图 5-10 表明了电池随温度升高所发生的膨胀。随着温度的上升，使用应力减轻环以适应电池间的热膨胀。电池之间的空间可以增加一个定量，公式如下：

$$\delta = (\alpha_g C - \alpha_c D) \Delta T \tag{5-2}$$

式中，α_g、α_c 分别表示玻璃和电池的热胀系数；C 是相邻电池之间的距离；D 是电池的长度。

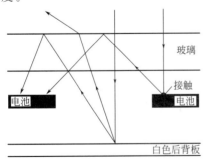

图 5-9　白色背面的组件中稀疏排列的
电池零深度聚光效应

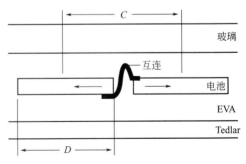

图 5-10　光伏电池的热膨胀

通常情况下，电池与电池之间采取环形互连来减少循环应力。双重互连是为了降低这样的应力下自然疲劳失效的概率。除了相互连接的应力，所有的组件界面会受到与温度相关的循环应力，甚至最终会导致脱层。

（3）光伏电池组件电绝缘

光伏电池组件封装系统要求能够承受电压。在特殊环境中金属框架必须接地，因为组件内部和终端的电势远高于大地的电势。光伏电池组件阵列输出电压小于 50V 时，无需专门安装接地泄漏安全装置；输出电压大于 50V 时，如果系统已经接地但并不绝缘，那么在直流端需要安装接地故障保护，或者在交流端安装直流敏感剩余电流装置。阵列输出电压在大于 120V 的情况下，除了上述措施，还要设置浮地，绝缘的阵列安装一个绝缘监视器。

（4）光伏电池组件机械保护

光伏电池组件要有足够的强度和刚性，这样才能在安装前和安装时正常搬用。如果玻璃用于外表面，那么要退火处理。组件的中心区域比框架附近区域的温度高，由此产生的框架边缘的张力会导致裂缝。在光伏电池组件阵列中，组件要承受支架结构中一定程度的扭曲，这样才能抵抗风所引起的振动和大风、雪、冰造成的载荷。

（5）降格与失效

组件的寿命主要是由封装的耐久性决定的，自然光导致的退化会引起掺杂硅光伏电池的降格。实际应用表明，20 年预期寿命后光伏电池组件就会以不同的形式降格或失效，典型的性能损耗范围每年 1%～2% 之间。组件前表面污染损坏情况下，伴随灰尘在前表面的积累，组件的性能降低。组件的玻璃表面通过风雨的洗刷实现自我清洁，可以将这些损失保持在 10% 以下，但其他材料的表面损失会更高。

光伏电池组件的降格由很多因素引发：金属接触附着力的降低或者腐蚀引起电阻变大；金属迁移透过 PN 结导致电阻减小；抗反射涂层会老化；电池中活跃的 P 型材料硼形成的硼氧化物也会造成降格衰减。

组件的光学老化会随着封装材料的变色逐渐加重。暴露于紫外线，温度或湿度都会造成组件变黄。组件边缘的密封、架设或终端盒部分的外来物质扩散，会使组件局部发黄。

光伏电池短路容易在互连的地方出现（图 5-11），在薄膜光伏电池中常见，因为薄膜光伏电池顶电极和背电极距离近。针孔和电池材料上被腐蚀掉或损坏的区域，导致短路的概率更大。

电池断路是很常见的故障。如图 5-12 所示，互连的主栅线对防止电池破裂造成的断路故障起到一定作用。尽管多余的连接点和互连的主栅线能确保电池正常运作，但电池的破裂

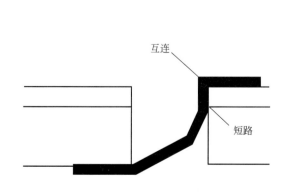

图 5-11　互连区域短路导致电池故障

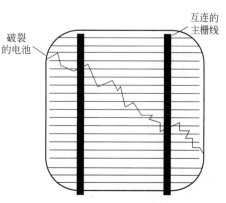

图 5-12　互连主栅线

仍可以导致断路。电池破裂可能是由于热应力、冰雹或碎石引起，也可能是在生产或装配过程中造成的"隐形裂痕"。

互连的断路和寄生串联电阻是因为循环热应力和风力负荷所导致的连接件的疲劳引起，寄生串联电阻会随着时间的推移增大。锡铅合金的老化，使焊接处会变脆且破裂分离成锡和铅的碎片，导致电池电阻增加。

组件的电路短路是由于生产缺陷引发，这些缺陷的出现是因为风化所致的绝缘老化，从而导致脱层、破裂和电化学腐蚀。组件顶部玻璃的损坏可能是人为破坏、热应力、安装操作不当或者冰雹的影响所致。在较大风速下屋顶的碎石被吹起，越过安装在屋顶倾斜的组件表面，击中相邻组件造成组件破裂。组件脱层在早期组件中是普遍存在的，现在已经得到改善。组件脱层的原因一般是较低的焊点强度、潮湿和光热老化等环境问题，或者受热和潮湿膨胀，这在潮热气候里常见，湿气经过封装材料时，太阳光和热诱发的化学反应导致脱层。

用于克服电池失谐问题的旁路二极管故障，通常是由于过热或规格不符造成的，如果把二极管运行温度控制在128℃以下，就可以降低问题产生的可能性。

封装材料的失效会因为自身的降解而加剧。紫外线的吸收剂和其他密封稳定剂能保证封装材料具有更长的寿命，但随着这些成分流失和扩散会逐渐耗尽，一旦浓度低于临界水平，封装材料就会快速降解。尤其是EVA层颜色的变深伴随着乙酸的形成，这会导致光伏电池组件阵列输出功率降低，对于聚光系统EVA的光稳定性的改进一直在积极探索。

5.4 光伏电池分选

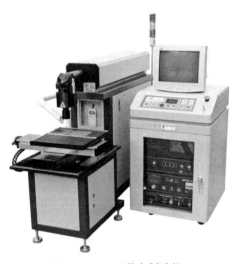

图 5-13　YAG 激光划片机

原始电池块用激光划片机进行划片后分选。划片机采用数控 X/Y 工作台，步进电机驱动，在电脑控制下精确运动。专用控制软件使程序的编辑和修改简单方便，并实时显示运动轨迹。划片速度快、精度高、功能全、操作简单方便，能 24 小时长期连续工作。各项性能指标稳定可靠，故障率低，加工成品率高，适用面广，在光伏行业得到广泛的应用。图 5-13 所示是 GCS 系列激光划片机（YAG 激光划片机），工作台采用双气仓负压吸附系统，T 型结构双工作位交替工作。

YAG 激光划片机广泛应用于晶体硅太阳能电池的划片加工，采用 YAG 晶体、连续氪灯/半导体泵浦、声光调焦点 Q 的激光器作工作光源，由计算机控制的二维工作台，能按预先设定的图形轨迹做各种精确运动。

5.4.1　激光划片机性能

激光工作物质 Nd^{3+}：如 YAG 晶体

泵浦方式：氪灯泵浦

激光波长：1064nm

激光模式：低阶模

激光调制方式：声光调制

激光脉冲频率：200Hz～50kHz 连续可调

最大划片速度：120mm/s

工作台幅面：350mm×350mm（行程 320mm×320mm）

工作台重复精度：±10μm

激光输出最大功率：50W

单机使用电源：3φ，380V/50Hz/5kV·A；2φ，220V/50Hz/5kV·A

（1）工作光源 Nd

激光器采用氪灯/半导体（根据不同机型）泵浦，声光调制器调制频率 200Hz～50kHz 连续可调；经过调制的激光输出脉冲峰值功率可达 10～50kW。

（2）二维工作台

采用步进电机驱动的双层结构，可由计算机系统控制进行各种精确运动，系统分辨率可达 0.003125mm。

（3）光学安全

激光划片机为四类激光产品，在 1064nm 波长范围可输出超过 10W/20W/50W 的红外激光辐射，瞄准光束为波长 632nm 的可见红光。避免眼睛和皮肤接触到激光输出端直接发出或散射出来的辐射。

在系统工作时，操作人员应佩戴适当的激光防护眼镜，该眼镜应与系统发出的激光的波长相匹配。即使在佩戴了激光防护眼镜的情况下，也不允许直接观看主光束或任何反射的激光光束（可能导致失明）。在工作范围激光辐射区，禁止镜面物体进入，防止因意外的镜面反射对人眼或人体的伤害。

（4）电力安全

激光划片机含有可致命性的直流和交流电压，即使切断电源后，在一段时间内此危险仍可能存在，必须在规定的电气条件下使用。

（5）电源主控柜

包含：

- 激光电源、声光驱动电源；
- 主控电源及保护系统、工作台驱动系统；
- 计算机及显示器（工控机箱）、专用控制软件（工作界面友好，编程简单方便，运动轨迹实时显示）。

（6）恒温冷却系统

分体外挂式系统，机台安装位与外挂式制冷压缩机的距离必须小于 3m。

（7）工作台

包含步进电机驱动、滚珠丝杠、矩形导轨、联轴器、负压吸附系统（带脚踏控制）、除尘系统。

5.4.2 划片机功能

（1）工作原理

激光电源产生瞬间高压（约 20kV）来触发氪灯，并以预先设定电流维持，使氪灯点燃；当工作电流达到阀值，光腔输出连续激光。调 Q 器件对连续激光进行腔内调制，产生频率可调的连续激光，以提高输出激光的峰值功率。计算机划片程序一方面控制工作台做相应运动，另一方面控制激光输出，输出的激光经扩束、聚焦后，在硅片表面形成高密度光斑，使加工材料表面瞬间气化，从而实现激光刻划工作的目的。

（2）技术参数

YAG 激光划片机技术参数表如表 5-3 所示。

表 5-3　YAG 激光划片机技术参数表

激光波长	1064nm	工作台运动速度	≥120mm/s
激光模式	低阶模	工作台行程	320mm×320mm
激光最大输出功率	≥50W	切割厚度	≤1.2mm
激光调制频率	200Hz～50kHz	划片线宽	≤0.05mm
冷却方式	循环水冷	使用电源	3φ/380V/50Hz/5kW

5.4.3　划片机系统使用

激光划片机由操作面板、电控柜、激光器、工件运动平台、恒温水冷机、负压吸尘风机、脚踏装置等系统组成，如图 5-14～图 5-20 所示。

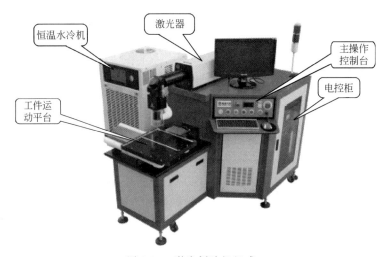

图 5-14　激光划片机组成

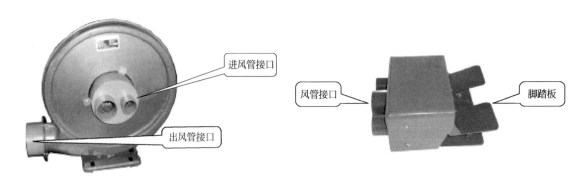

图 5-15　负压吸尘风机　　　　　图 5-16　脚踏装置

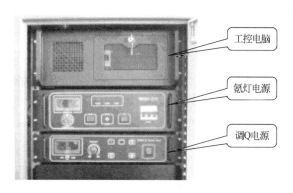

图 5-17　电控柜

图 5-18　激光器

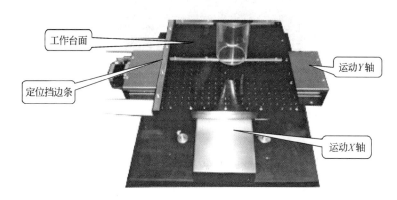

图 5-19　工件运动平台

(1) 划片机操作

主操作控制台功能如图 5-21 所示。

① 开机流程　开机过程主要在主操作控制台上完成，一般开机顺序"从右至左"。

- 确认面板上各开关处于关闭位置。紧急制动按钮，需顺时针旋转一下弹起。
- 开启总电源空气开关。总电源空气开关位于机器后部下方。
- 开启钥匙开关。面板上方"POWER/电源"指示灯亮，同时报警指示灯红灯闪亮。
- 持续按下"WATER/水冷"按钮开关，直至按钮开关灯亮。持续按下约 5s 后制冷水箱启

图 5-20　恒温水冷机

控制面板

动，约 10s 后 "WATER /制冷" 指示灯亮，此时方可松开按钮。检查制冷水箱启动后水循环，水管是否弯折，制冷水箱面板显示是否正常，有无报警显示和蜂鸣声。

● 点击氪灯触发开关 "ON/开"，约 5s 后氪灯自动点燃（激光器前方透明窗口可观察氪灯是否点燃）。点击前确认控制柜内激光电源，空气开关已合上，面板上的 "Kr/氪灯" 指示灯亮。

● 按下 "Q-SWITCH/Q 调制" 按钮开关。按下前确认控制柜内声光电源开关处于开启位置。

● 开启电脑，进入激光划片软件。

● 按下 "EXHAUST/吸尘" 按钮开关，启动吸尘风机。

② 使用操作

● 设备开启后，踩住脚踏开关踏板，以定位挡边条为基准，将电池片放置于工作平台上，松开踏板，电池片即吸附于工作平板台面上。

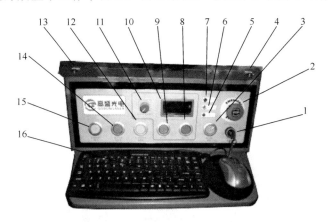

图 5-21　划片机主操作控制台

1—钥匙开关；2—急停开关；3—水冷开关；4—指示光开关；5—氪灯指示灯；6—制冷指示灯；7—总电源
指示灯；8—氪灯关闭开关；9—氪灯开启开关；10—氪灯电流表；11—氪灯电流调节；12—调 Q 电源开关；
13—运行按键；14—工作台开关；15—吸尘风机开关；16—键盘和鼠标

● 在激光划片软件中调出划片程序，点击主控制台上的运行按键使设备运行，工作台即开始运动，进行激光加工（图 5-22）。

● 划片完毕后，工作台退回预先设定的停靠位置。

● 踩住脚踏开关踏板，拿出已加工好的电池片。

重复以上过程可进行批量加工。在工作时如发现设备有异常状况，应立即按下急停开关。

③ 报警灯状态

● 当设备通电而恒温水冷机未正常工作时，报警灯（图 5-23）处于报警状态——红灯闪烁。

● 当设备正常工作时，报警灯处于工作状态——绿灯闪烁。

图 5-22　运行按钮

图 5-23 报警灯

④ 基本参数设置

• 划片速度 调 Q 频率及激光功率是决定划片效果的主要因素。对同一材料，若设定速度较高，则要求的调 Q 频率亦较大，以保证划片线条的连续性，同时要求的激光功率亦较大以保证划片深度。在此情况下，氪灯的损耗也较快。一般设定激光脉冲频率调 Q 频率为 7～12kHz 之间，设备工作时氪灯工作电流为 8～10A 之间，以此来设定相应的划片速度。

• 恒温水冷机制冷水温设置 水温设定需根据环境综合考虑，应尽量保证与环境温度相当。即夏季适当调高（推荐温度 28℃），冬季适当调低（推荐温度 25℃）。若制冷水温度与环境温度相差过大，在光学器件表面会发生凝露现象，影响激光功率输出，严重时甚至会损坏光学器件。

⑤ 关机流程 关机过程主要在主操作控制台上完成，一般关机顺序"从左至右"。

• 逆时针旋转"ADJUST/电流"调节旋钮至最小。

• 关闭划片专用软件，关闭电脑。

• 关闭"EXHAUST/吸尘"按钮开关，按钮灯灭。

• 关闭"MOTION/运动台"按钮开关，按钮灯灭。

• 关闭"Q-SWITCH/Q调制"按钮开关，按钮灯灭。

• 点击氪灯"OFF/关"按钮开关，氪灯熄灭。

• 氪灯熄灭等待 1min 后关闭钥匙开关。

• 拉下关闭总电源的空气开关。

（2）划片机及辅助设备的维护

① 划片机的维护

• 随时保持设备清洁。

• 二维运动工作台的丝杆和导轨要定期添加润滑油脂（6 个月 1 次）。

• 氪灯要及时更换。尤其当氪灯工作超过 1000h 后，应随时注意氪灯电流，达到 18A 时一定要更换。

• 聚焦镜下窗口镜片要定期擦拭，最好使用专用光学清洁棉和无水乙醇。

② 恒温水冷机维护

• 激光冷水机中的水要定期换水并清洗（1 周 1 次），水质的清洁将会直接影响设备的正常使用及寿命。

- 过滤芯定期更换（3 个月 1 次）。更换滤芯时应使用过滤筒专用扳手。
- 及时清除激光冷水机隔尘网上的灰尘（1 个月 1 次），同时向内按住固定卡即可取下外罩，拿出隔尘网。

③ 负压风机和吸尘管路维护　定期清理负压风机和吸尘管路内部灰尘（3 个月 1 次）。

（3）划片机常见问题及解决办法

① 主设备部分故障现象及解决办法，参考表 5-4～表 5-9。

表 5-4　故障现象：开启钥匙开关无任何反应

总电源是否合上	合上电源开关
市电是否接通	逐级检查市电
钥匙开关、2510 接触器坏或线路断开	请售后人员协助

表 5-5　故障现象：氪灯不能点亮

激光电源上的内外控拨挡开关是否拨在"Outer"位	把拨挡开关拨至"Outer"位
激光电源后背板外控保护端口间的连线是否接好	检查电源外控保护端口间的连接
氪灯与激光电源间的连线是否接好	检查氪灯与激光电源间的连接
氪灯损坏	更换氪灯
激光电源损坏	请售后人员协助

表 5-6　故障现象：无激光输出或激光输出很弱、刻划深度不够

聚焦镜头焦距是否正确	调准焦距
声光 Q 驱动电源频率是否合格	调节声光 Q 驱动电源频率
冷却水温度和环境温度差过大,光学器件表面凝露	关闭氪灯,调节冷却水温度,直至凝露消失后再点燃氪灯
氪灯老化	更换氪灯
激光谐振腔是否变化	微调谐振腔镜片,使输出光斑最好

表 5-7　故障现象：正在刻划时没有激光，氪灯熄灭

总供电电源电压过低,激光电源低压保护	检查供电电源电压
机内温度过高,激光电源高温保护状态	停机并通风散热
激光电源外控保护端口连接线是否松脱	检查激光电源外控保护端口连接线
氪灯损坏	更换氪灯
激光电源是否损坏	请售后人员协助

表 5-8　故障现象：一直有激光输出

声光 Q 驱动电源没开	开启声光 Q 驱动电源
声光 Q 驱动电源拨挡开关不在 Run 挡	拨到 Run 挡
声光 Q 驱动电源不在 Inner 挡	拨到 Inner 挡
声光 Q 驱动电源损坏	请售后人员协助
声光晶体损坏	请售后人员协助

表5-9　故障现象：开机回机械原点，二维运动工作台不运动

控制面板上"运动台"开关是否开启	开启
电脑控制卡接口板之间的68芯电缆是否接牢	检查68芯电缆，重新接牢
运动工作台上的15芯接头是否接牢	检查15芯接头，重新接牢
原电开关坏	请售后人员协助

② 恒温水冷机部分故障及解决办法，参考表5-10～表5-12。

表5-10　故障现象：按"水冷/WATER"开关冷却水箱无任何反应

控制面板上"紧急停止"开关是否按下	松开"紧急停止"开关
冷却水箱电源线是否连接	检查冷却水箱电源线并连接
水箱电源开关是否开启	开启水箱电源开关
"水冷"开关、2510接触器坏线路断开	请售后人员协助

表5-11　故障现象：按下"水冷"开关冷却水箱启动后再松开，冷却水箱断电

水管中有空气，恒温水冷机流量开关没打开	常按"水冷"开关至水管中的空气挤出，或按过滤筒上的红色按钮将空气排出
流量开关坏	请售后人员协助
控制继电器坏	请售后人员协助

表5-12　故障现象：恒温水冷机显示故障并报警

激光冷水机显示E01并发出蜂鸣声（传感器松脱或损坏）	拧紧或更换传感器
冷水机工作时显示E02或发出蜂鸣声（水温超出报警温度设定的上限或下限）	关机，并请售后人员协助
开启水冷机时显示E03并发出蜂鸣声（环境温度低于激光水冷机设定的报警温度下限）	环境温度低造成的报警正常，按任意键停止蜂鸣声，使水温升至正常后再点燃氪灯
显示E05并发出蜂鸣声，水管中有空气	常按"水冷"开关至水管中的空气挤出，或按过滤筒上的红色按钮将空气排出
显示E05并发出蜂鸣声，水管有折弯或堵塞	理顺水管，清除堵塞
显示E05并发出蜂鸣声，水泵坏或流量开关坏	请售后人员协助
显示E06并发出蜂鸣声，水冷机水量不够	加水直至盖住盛水箱里面的盘管为准
显示E0并发出蜂鸣声，液位传感器损坏	请售后人员协助

(4) 划片机易损器件

① 氪灯　当发现氪灯电流到达18A时激光仍然不能正常工作，则需更换新灯。双手紧贴光具座盖两侧向上用力提，便可取下光具座盖。最好是两个人从光具座盖两头用力提取和放下，这样操作比较方便。

② 光学镜片　若光学镜片被污染，激光会损伤镜片上镀膜层，此时应更换。调节焦距及测试效果分以下步骤。

● 确认激光已从聚焦镜下窗口完整出来。手持激光转换片悬置在聚焦镜下窗口下面，边调电流边观察激光转换片上有无绿色光斑出现。正常情况下光斑应该是圆的，如果只是半圆或是更小，说明光路需要调整。特殊情况下光斑不会太理想，如器件老化。如果电流调至13A以上还没有光斑显示出来，说明光路严重偏移，需要调整。

● 找准焦点。单位面积内焦点的能量最大，慢速便于找焦点。将电流调至 8.0A，电流太大不便于观察焦点。这时便可运行程序了，工作台按所编程序运动，工作台运动的同时旋转调焦尺向下运行。如果焦点找准了，激光会在电池片上刻下又深又细的痕迹，并在刻的过程中溅起比较大的火花。

当一直旋转调焦尺向下运行至刻度线 2mm 下还没焦点出现，应反方向旋转调焦尺向上运行，观察激光在电池片上的变化。不要在工作台不运动的情况下旋转调焦尺，不然会错过焦点的。如果旋转调焦尺向上、向下运行均感觉不到激光，可能电流太小了，可以把电流调大点再找焦点。

● 试切光伏电池片。焦点找好后，就可以试切光伏电池片。试切电池片尽量用不合格的电池片，避免不必要的成本开支。把之前编好的程序的速度 10mm/s 改为 70~100mm/s，将激光电源电流调至 9.5A 左右，声光 Q 驱动电源频率调至 12kHz 左右。调好后就可以把电池片放在工作台板上试切了。要保证电池片在工作台板上是平整的，否则切不好。切完后首先看电池片反面有没有切透的痕迹。在没有切透的情况下，被切面朝上，沿着切割线掰开电池片，如果掰开的电池片没有破裂和残留、锯齿，说明切片效果很好，就可以进行正式切割了。如果切割后不好掰，在确定焦点正确的情况下，可以相应地调节激光电源电流和声光 Q 驱动电源频率。激光电源电流调整到电池片切过后反面没有痕迹为准。声光 Q 驱动电源频率参考值 8~12kHz。

5.5　光伏电池块互连

光伏电池块互连主要是单焊和串焊，在焊接时熟悉光伏电池的特性至关重要。

5.5.1　相同特性的电池

理想情况下组件中的每个电池块都会表现出来相同的特性，并且整个光伏电池组件与单个电池的电流-电压曲线，除了坐标轴的初始坐标及刻度有差异外，其余都应当有同样的线型。对于 N 个串联和 M 个并联在一起构成的光伏电池组件而言，电流可以用下列表达式表示：

$$I_{\text{total}} = MI_{\text{L}} - MI_0 \left[\exp\left(\frac{qU_{\text{total}}}{nkTN} \right) - 1 \right] \tag{5-3}$$

5.5.2　组件中光伏电池特性

实际情况下，任意两块光伏电池块的特性都不相同，光伏电池组件中电压或电流输出最小的电池限制了整个组件的总输出。光伏电池组件中各个电池块输出总和的理想最大值与实际达到的最大输出值之间的差别，称为失谐损耗。

失谐电池块并联的示意图如图 5-24 所示，图 5-25 和图 5-26 说明了光伏电池组件中失谐电池块并联情况下确定开路电压和短路电流的方法。

图 5-25 所示的两个并联的失谐电池以及电池失谐损耗对电流的影响情况中，合并输出的曲线是通过对单个电池块电压值 I_1 和 I_2 求和得到的。

图 5-26 所示计算并联的失谐电池总 U_{oc} 的简便方法中，一个电池的曲线绕电压轴反转，所以曲线的交点（$I_1 + I_2 = 0$）便是失谐并联时的总输出电压。

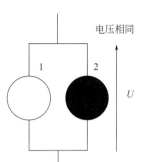

电池2输出比较低的原因:
① 生产缺陷
② 降格(例如：开裂)
③ 部分遮挡(例如：树木、建筑物、树叶、鸟粪、变色的封装材料等)
④ 高温

图 5-24 两个失谐电池并联

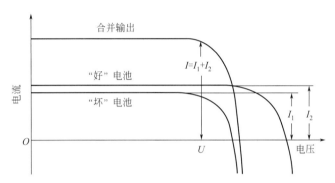

图 5-25 失谐电池并联对电流的影响

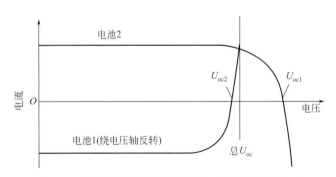

图 5-26 计算并联的失谐电池总输出电压的简便方法

失谐电池块串联的示意图如图 5-27 所示,图 5-28 和图 5-29 说明了光伏电池组件中失谐电池块串联情况下确定开路电压和短路电流的方法。

串联失谐电池块对电池组件的影响中,合并输出曲线是通过对于每个电流值对应的 U_1 和 U_2 求和得到的。

失谐串联电池的总 I_{sc} 计算方法中,交点处的电流表示串联时的短路电流 ($U_1 + U_2 = 0$)。

5.5.3 失谐电池组件

失谐电池可以是单个电池块的连接,也可能是电池组件、电池串、电池模块或者源电路连接中出现的失谐现象,它们的失谐效果和失谐曲线形状类似。电池块或电池组件一般都来自于不同厂家,就算是额定电流相同,仍然可能会有不同的光谱效应,从而导致失谐损耗问题的出现(如热点过热)。

学习笔记

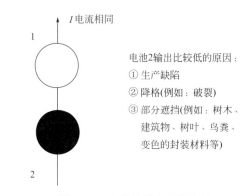

图 5-27　串联的两个失谐电池

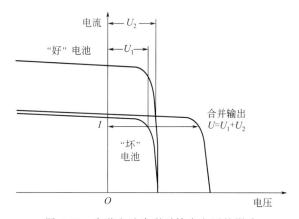

图 5-28　失谐电池串联对输出电压的影响

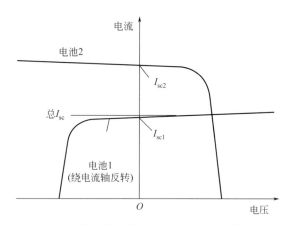

图 5-29　计算失谐串联电池总输出电流的简便方法

　　存在于组件里的失谐电池可导致一些光伏电池在产生能量的同时另一些光伏电池在消耗能量，最坏的情况是组件或者组件串被短路时，所有的"好"电池的输出都消耗在"坏"电池上。图 5-30 中的电池串里有一个坏电池，坐标图说明了坏电池对整个组件输出的影响。一个"坏"电池在电池串中，减少了通过"好"电池的电流，导致"好"电池产生较高的电压，使"坏"电池反偏。电池串中的"坏"电池反偏的原因是"好"电池试图以高于"坏"电池所能承受的电流导通"坏"电池，即使在短路的情况下同样如此。

　　能量在"坏"电池上的消耗导致电池 PN 结的局部击穿，在很小的区域会产生很大的能

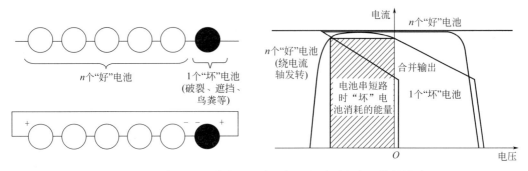

图 5-30 "好"电池串中的一个"坏"电池对整个组件的影响

量消耗,导致局部过热(或者成为热点),最终导致光伏电池或玻璃开裂、焊料熔化。电池组件也存在热点过热的问题,如图 5-31 所示,"坏"电池便是潜在的"热点"。

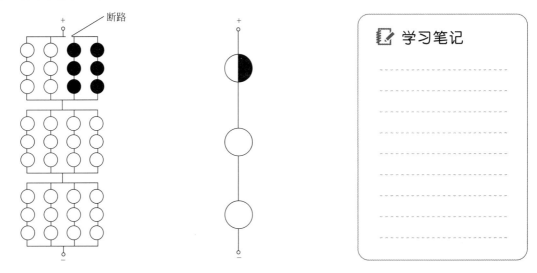

图 5-31 光伏电池组件的热点过热

对于热点过热问题和失谐电池,一个解决的办法是在原电路基础上加装旁路二极管。光线不被遮挡时每个二极管处于反偏压状态,每个电池都在产生电能。但一个电池的光线被遮挡时,它会停止产生电能,成为一个高阻值电阻,同时其他电池会促使其反偏压,导致连接点两端的二极管导通,原本流过被遮挡电池的电流被二极管分流。有旁路二极管和故障电池的电路如图 5-32 所示,当总电流超过电池本身的电流 I_L 时二极管导通;当总电路短路时,有一个旁路二极管的"坏"电池对总输出的影响是:"坏"电池和二极管上消耗的能量约等

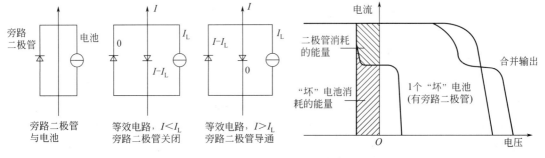

图 5-32 一个旁路二极管与一个故障电池并联

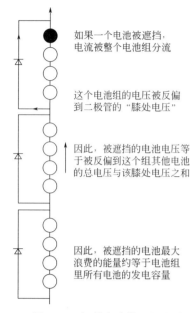

如果一个电池被遮挡，电流被整个电池组分流

这个电池组的电压被反偏到二极管的"膝处电压"

因此，被遮挡的电池电压等于被反偏到这个组其他电池的总电压与该膝处电压之和

因此，被遮挡的电池最大浪费的能量约等于电池组里所有电池的发电容量

图 5-33　组件中连接一组电池两端的旁路二极管

于一个"好"电池的输出能量。

实际上，将每个电池配备一个旁路二极管会过于昂贵，所以二极管通常会连接于一组电池的两端，如图 5-33 所示，被遮挡的电池最大功率消耗大约等于该电池所在电池组的总发电能力。对于硅光伏电池，在不损坏的情形下，一个旁路二极管最多连接 15 个电池块，所以对于通常的 36 块电池的组件，至少需要 3 个旁路二极管来保证组件不被热点破坏。

不是所有的光伏电池组件都具有旁路二极管，在没有配备二极管的情况下，一定要保证组件不被长时间短接，并且那部分组件不会被周边建筑物或邻近的电池阵列遮挡。在每个光伏电池内部集成一个二极管的方案也是可行的，它是确保各个光伏电池都不被损坏的一个低成本方法。对于并联组件，使用旁路二极管时会发生热失控，即一串电池的旁路二极管比其余电池串的热，承载了很大一部分电流，因此导致更热。应当选用能够承受组件合并所产生的并联电流的二极管，合格的二极管应当能承受保护组件的 2 倍开路电压或者 1.3 倍的断路电流。

如图 5-34 所示，一些组件包含阻塞二极管，保证电流只会从组件里流出（单向流动），这样可以防止夜间蓄电池对太阳能电池放电。因为阻塞二极管会消耗一部分收集的电能，所以不是所有的电池串都配备。使用阻塞二极管与旁路二极管类似，应当可以承受其所保护组件 2 倍开路电压或者 1.3 倍短路电流。

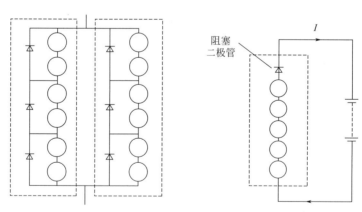

图 5-34　组件中的旁路二极管和阻塞二极管比较

5.5.4　光电池块互连

光伏电池互连在焊接台上进行，先单焊，再串焊（如图 5-35 所示，焊接台型号 YB-F-H，2440mm×1220mm）。焊接台技术参数如下（参考图 5-36、表 5-13）。

焊接台主架：40mm×40mm 工业铝型材。

铺设台：铺设组件用；检查虚焊；简单测试电压、电流。

外形尺寸：1000mm×2000mm×920mm。

图 5-35 焊接台

太阳电池片的串焊

图 5-36 串焊模板

表 5-13 串焊模板参数

名称	规格/mm×mm	材质	备注
125 串焊加热平台	1650×165	合金铝	
156 串焊加热平台	2000×165	合金铝	
125 模板	1650×180	合金铝	12 片焊
156 模板	2000×200	合金铝	12 片焊

5.6 光伏电池组件叠层

经过焊接台串焊后的光伏电池组，需要经过叠层后成为待压组件，才可以用层压机层压。光伏电池片层压前要进行叠层，之后用待压组件周转车运送到层压区。待压组件周转车如图 5-37 所示。

YB-F-Z 待压组件周转车技术参数如下。

外形尺寸：1500mm×1500mm×800mm。

材质：碳钢。

外观：整体喷塑象牙白。

铺设完组件可以暂时存放在架上，等待进入下一道工序。

图 5-37　待压组件周转车

5.7　玻璃清洗

　　叠层之后待压的光伏电池组件接下来要进行层压，光伏电池正面用退火玻璃，背面用软的东西封装。

　　回火过的低铁含量卷制玻璃是当前组件顶层表面的最佳选择，因为它相对便宜、坚固、稳定，具有高透光率、密封性好以及自清洁能力强。回火使玻璃能够抵御热应力，低铁含量玻璃可以使透光率达91%。最新研究成功的抗反射涂层玻璃，利用腐蚀处理或浸渍涂布，使透光率高达96%。聚氟乙烯保护膜和隔离膜（Tedlar）、聚酯薄膜（Mylar）或玻璃可以用来防止光伏电池组件背面湿气的侵入，但是所有聚合物都有一定程度的可浸透性。

　　层压之前需要对退火玻璃有一个清洗的过程，一般使用玻璃清洗机（如型号 ZDF-Q 的玻璃清洗机，见图5-38）。

图 5-38　玻璃清洗机

　　在熟悉玻璃清洗机技术参数基础上，使用玻璃清洗机清洗玻璃。ZDF-Q 型玻璃清洗机技术参数如下。

　　清洗玻璃厚度：3mm。

　　清洗玻璃宽度：max：1500mm；min：450mm。

　　机加热功率：6kW；水泵功率：0.36kW；水加热功率：5kW。

　　玻璃行进速度：0.75～3.70m/min。

　　电源电压：380V，50Hz。

　　外形尺寸：2000mm×1900mm×1100mm（长×宽×高）。

重量：1500kg。

总功率：13.03kW（主传动功率：0.37kW；毛刷传动功率：0.75kW；风机功率：0.55kW）。

5.8 光伏电池组件层压

叠层后的光伏电池组件要在层压机里进行层压，排除空气及其他因素的干扰。层压工艺首先要解决层压机的使用问题。

5.8.1 层压机功能

层压机用于单晶（多晶）太阳能组件的封装，能按照设置程序自动完成加热、抽真空、层压等过程，具有自动化程度高、性能稳定等特点。

(1) 组件层压机技术参数

图 5-39 所示为 ZDL2.2-2.2OB 光伏电池组件层压机和 YBCYJ 型层压机。光伏电池组件层压机技术参数如下。

图 5-39 层压机外观

层压面积：长＜2200mm，宽＜1100mm，厚＜20mm。

操作温度：＜200℃。

封装压强：真空与 1 个大气压差（真空＜20Pa）。

功率：3 相 AC380V、30kW。

气源：0.5～0.7MPa、100L/min。

设备重量：约 3000kg。

循环时间：＜30min。

真空泵抽气速度：15L/s。

(2) 层压机配置

主体设备一套，真空泵，控制箱一套，温控表，气动，真空泵，高温布。

场地配置：电源（AC380V、50Hz、30kW），水源（15L/min），气源（0.5～0.7MPa）。

① 真空腔 真空腔及其上盖采用钢结构，是为承受强大的大气压力并防止腐蚀生锈。上盖与真空腔之间采用 φ10 的 O 形圈密封。

② 层压膜 采用硅橡胶板（3mm），具有耐油、耐热、弹性好等特点。

③ 加热平台 是支持加热封装组件的部分，由加热器、匀热钢板组成，热电偶探头在钢板侧面，以测量该板的温度。

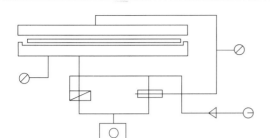

图 5-40　真空系统

④ 真空系统　如图 5-40 所示，真空系统由真空泵、真空管路、真空阀、真空表组成。真空泵在 60s 以内达到真空要求。真空阀控制真空室的进气和排气，真空表显示上、下真空室工作状态。

⑤ 加热系统　该系统采用 PLC 内部 PID 调节控制加热。

⑥ 开关盖系统　单个气缸用来开盖和关盖控制。气缸采用三位五通双电控电磁阀进行控制；开盖和关盖速度用气缸和电磁阀上节流阀进行调节。

5.8.2　层压机系统

（1）安装与调试

① 安装　层压机应安装在干燥、避免雨淋、阳光直射的地点，应有良好的接地线。安装时要检查连接真空系统和各连接处是否牢固，电源线连接、压缩空气连接、设备放置应平稳牢固。使用时一切连接（电源、气源）要接好，避免受外力影响，连接要牢固。接线的同时检查控制箱内是否发现有接线松动或脱线现象，务必及时处理。

② 调试

- 接通电源，观察触摸屏上温度显示是否正常（和室温相近）。
- 观察指示灯，应为电源指示灯亮和面板上的上、下真空压力表通电显示。
- 接通气源，检查各气动连接处有无漏气现象，如有应及时处理。
- 进入控制画面，按开盖按钮，上盖应升起到位。按关盖按钮，上盖落下。为了安全，关盖时应一个人操作，避免操作人员误将手放进真空平台上。在下落过程中若将按钮抬起，上盖将停止落下并停止在当前位置。
- 打开真空泵空开，检查电机旋转方向。
- 打开加热器空开，检查各加热管是否加热正常，温控表显示是否正常（随加热器加热温，度显示应随之增加）。

（2）层压机操作

层压机控制器一般采用触摸屏控制，操作遵循如下步骤。

① 接通电源时打开控制面板上电源开关，触摸屏上电，显示开机画面，同时进入"自动控制"画面。

② 观察触摸屏上温度显示，设定好温度（一般为 130℃ 左右，最高不得高于 180℃），打开加热器空开，按下机器前面板上的油泵开关的绿色按钮（启动按钮），当加热板温度上升至设定温度后转到手动画面，按触摸屏上手动画面的开盖按钮，打开上盖，之后按下层压机前面板上的真空泵启动按钮，使真空泵工作，进行下一步操作。

③ 将封装的组件放在加热平台上（注意加热板上无碱纤维布是否平整）。系统将根据设置程序进行加热、抽真空、层压等过程。

④ 将封装件取出，放到固化炉中进行固化。首先将封装的组件放在加热平台上（注意加热板上无碱纤维布是否平整）。按开盖按钮打开上盖，上盖到位后取出封装组件。

（3）层压机维护

① 日常维护 维修和维护之前务必切断一切电源。电气系统最常见的故障是连接松弛。在考虑复杂故障之前，首先要检查电路是否连接完好。

② 每日维护 检查并确保真空泵油位在规定范围之内，油位要尽可能高，只使用真空泵制造商建议型号的油。检查加热板和橡胶板上堆积的灰尘和层压板的材料，在冷却状态下，用绒布擦干净。检查加热板上的残液，如有可用丙酮或酒精擦除。切勿用利器擦洗加热板上的 EVA 溶液，以免损坏其表面平整度，影响组件质量。为防止EVA 残液堆在加热板上，须在作业时加玻璃布进行隔离。下室加热板及下室其余空间要每班用高压空气吹除残留物，吹时一定要关闭真空泵，防止异物进入。应做到经常清洁 O 形圈及密封槽，定期使用真空硅脂进行密封。清洁时应用柔软清洁布蘸酒精进行擦拭。

③ 每周维护 检查顶盖 O 形环的密封表面是否有灰尘和划痕。如有必要，用柔软清洁布蘸酒精擦拭。检查橡胶板是否有破损并及时擦洗。检查真空室四角的灰尘和堆积的残余颗粒。检查所有皮管和夹子是否有松动。

④ 每月维护 更换真空泵油，只能使用真空泵制造商建议型号的油。

维护过程要注意，上、下真空放气阀腔体要定期用酒精刷洗干净，清除吸入的灰尘。要适当上紧上室气囊压条螺钉，以防加热后橡胶软化，导致上、下室之间漏气。真空泵在泵静止时，须定期检查泵油液面，如有缺少或污染，需进行添加或更换。

- 橡胶板更换。建议每工作 300h 更换一次，不要在加热板高温时更换胶板。加热板在工作温度时，会引起严重灼伤。

- 加热器的更换。当发现加热明显不均或加热时间明显延长时，应考虑更换加热器。

（4）层压机故障检修

① 气缸维修 气缸在开启和放下过程中速度变慢，检查各气源接头有无漏气现象；如有应更换新的接头。在按下开盖和关盖按钮时气缸无动作，检查气源压力是否正常、控制信号有无、电磁阀是否正常。经以上检查确认故障点后，及时处理。

真空度达不到设定值，检查真空管道（包括接头）是否漏气，密封胶圈是否严重磨损或老化，真空泵是否工作正常，检查上室和下室充气阀是否关闭严，若关闭不严，可能吸入灰尘，轻轻敲击或频繁开闭几次即可正常工作，否则该充气阀已损坏，需更换。

② 温度故障维修 工作温度达不到设定值，检查电热是否断路，可用交流电压 250V挡，测量固体继电器输出端（蝴蝶电源端）是否有 220V 输出（脉冲型）；可在断电情况下用万用表检测两组加热器电阻是否均衡。检查是否缺相，可用万用表检查固体继电器输出电源端一侧是否有 220V。检查控制器是否坏，若温度未达到设定值控制器，应输出 15V 直流控制电压，如没有则控制器损坏。

开盖、合盖困难或者不动作，检查气泵压力是否足够，检查气动管路及其连接件是否漏气，电磁阀是否正常，可用手动的方法进行检测。层压机故障检修参考表 5-14。

③ 时间设定 以下真空时间所说的是在层压前抽取真空时间，所设定时间越长，真空度越高，一般为 8~12min。层压时间所说的是热合时间，一般为 4~8min。层压力设定是热合时的压力，0.1~1 个大气压之间可调。实际运用一般在半个大气压左右，可根据需要自行设定。

表 5-14 层压机故障检修表

现象	原因	检查	处理
真空抽不下去	密封圈问题	确认密封圈在槽中	清洁并置密封圈于槽中
部分真空抽不下去	密封部分脏	检查 O 形圈和密封表面是否有灰尘等杂物	用甲醇或酒精清洁
	真空管路或接头部分漏气	喷酒精或甲醇在怀疑故障处,观察真空指示	更换密封圈或硅脂密封
	真空泵缺油	检查真空泵油面指示	添加真空泵油
再层压时真空计下降	硅橡胶板漏或真空密封不严	观察硅橡胶板有无孔洞,压条螺钉是否旋紧	清洁脏物,更换硅橡胶板,紧固螺钉
上盖不升起	压缩空气回路是否有故障	检查空气压力,气动阀	更换损坏部件
加热率降低或不热	加热器有开路现象	检查加热器	更换损坏的加热器
	SSR 或保险损坏	用万用表检查	更换损坏部件
上、下真空上不去	真空阀是否正常	用万用表检查	更换损坏部件

5.9 光伏电池组件组框

层压之后的光伏电池组件可以进行下一步工艺,即组框。主要设备是一台组框机(图 5-41)。

图 5-41 光伏组件组框现场

5.9.1 组框机结构

组框机是角码铆接式铝合金矩形框组装的专用设备,由气缸、铝合金型材、直线导轨及钢结构组装而成,可以实现组件层压完毕以后,组件的铝合金边框挤压定位,然后使用气压动力将铝合金边框固定,在一台设备上实现组框、铝合金边框固定,从而简化了工人的作业强度,节约时间,提高产品质量,适用于多种型材端面。组框机刚性高、调整范围大,满足用户不同组框尺寸要求。

(1) ZDZK-Ⅲ型组件装框机

图 5-42 所示为 ZDZK-Ⅲ型组件装框机,组框铆角一体,其技术参数如下。

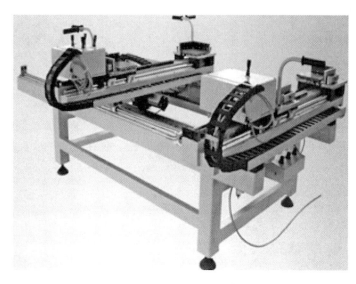

图 5-42　ZDZK-Ⅲ型组件装框机

组框长度：2100～350mm。

组框宽度：1200～350mm。

重量：1200kg。

外形尺寸：2900mm×1900mm×920mm。

最大铆接力：25kN，电机 1.5kW。

（2）ZK-2 光伏电池组件组框机

图 5-43 所示为 ZK-2 型光伏电池组件组框机，它是一种对已经涂胶装框的光伏电池板实现组框定位、边框四角挤压固定的专用设备（铝合金边框外形尺寸：35mm、50mm），应用于制作光伏电池板组件。ZK-2 型光伏电池板组框机的型号说明如下：

ZK 　　　　　 - 　　　　 2
　↓　　　　　　　　　　↓
自动组框机　　　　　序列号

图 5-43　ZK-2 型光伏电池板组框机

铝合金边框最小外形尺寸：（长）750mm×（宽）650mm；

铝合金边框最大外形尺寸：（长）2000mm×（宽）1100mm。

学习笔记

5.9.2 组框机安装与调试

调整设备的地脚高度，以设备 4 个角的油缸上平面为基准，使设备处于水平放置。然后对设备动力参数进行设定。

(1) 压缩空气源

储气罐容积 60L，功率 1.5kW，额定压力 $8.0\text{kgf/cm}^2$❶。

气源调整时，给气源处理元件（给油器）加油，油牌号为 ISOVG32 或同级用油，油位加至油杯的 2/3 处。调整气源处理元件（调压阀如图 5-44 所示），使压力表显示 $5.0\sim8.0\text{kgf/cm}^2$。

图 5-44 调压阀

(2) 调整组角、辅助压头的速度

调整各气缸上的单向节气阀，即可控制气缸杆的伸出速度（图 5-45）。

图 5-45 单向调节阀调整

气缸杆的伸出速度用右侧阀调整（顺时针旋转速度变慢，反之速度变快）。

(3) 液压动力源

抗磨液压油 YB-N32、YB-N46，液压动力功率 1.5kW，额定压力 15.0MPa。

---

❶ $1\text{kgf/cm}^2=0.1\text{MPa}$。

液压动力源如图 5-46 所示，油箱内未加油，开机前将油料加至液位计的 1/2～2/3 位置，启动油泵电机，启动组框锁按钮。点动"刀进"，如果刀伸出，则电机旋转方向正确；如果刀不伸出，则电机旋转方向不正确。更换 380V 电源的相序，调整电机的旋转方向。组框试压，溢流阀顺时针旋转压力增大，反之减小，反复调整直至得到满意的压角质量，压力表显示在 5.0～15.0MPa 范围。

图 5-46　液压动力源

（4）调整组装铝合金边框的外形尺寸

闭合位于电气箱内的两个空气开关，打开急停按钮，使电源指示灯处于亮的状态。将压缩空气源用胶管引至气源处理元件，压力表显示 5.0～8.0kgf/cm^2。启动组框锁按钮，此时短边压头、长边压头、组角压头均处于压进至死点状态。

① 调整组装铝合金边框的长边尺寸

a. 打开移动横梁上的定位锁（如图 5-47 所示，向上扳气阀手柄）。

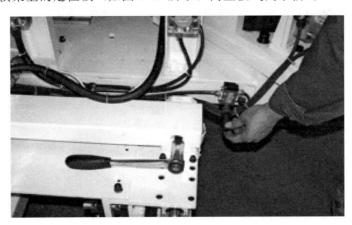

图 5-47　上扳气阀手柄

b. 以固定横梁上的 90°组角压头为基准，测量其工作面距移动横梁上的 90°组角压头之间的距离，沿导轨移动横梁，使所测量的尺寸接近铝合金边框的长边尺寸，关闭移动横梁上的定位锁（向下扳气阀手柄）。

c. 使用棘轮扳手正（反）旋转丝杠幅，直至满足铝合金边框的长边尺寸。若组合时两个铝合金边框的长边尺寸不一致，需要对设备进行调整。先断开丝杠幅的同步链条，检查是否因为两个丝杠幅受力不均匀造成，分别调整，然后重新连接同步链条。再调整两个外侧气缸的初始位置，如图 5-48 所示。

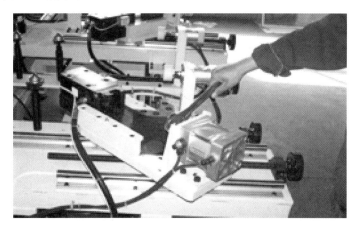

图 5-48　调整气缸位置

d. 调整短边辅助压头。松开尼龙压头后面的锁紧螺母，测量尼龙压头的工作面与对面的固定工作面之间的距离，用扳手钳住活塞杆，旋转尼龙压头直至满足铝合金边框长边的尺寸要求，如图 5-49 所示。

图 5-49　调整短边辅助压头

② 调整组装铝合金边框的短边尺寸

a. 旋转各手轮。测量压头工作面距对面工作面的距离，达到铝合金边框的短边尺寸后拧紧锁紧螺母。

b. 调整组装铝合金边框的长边的辅助压头尺寸。旋转各手轮，测量压头工作面距对面固定工作面的距离，达到铝合金边框的短边尺寸后拧紧锁紧螺母。

c. 按"联动退"按钮，直至各压头全部退回。反复操作、调整，确认组框尺寸符合要求。

③ 取一副欲组框的铝合金边框（装角码），不装电池板，试验组框效果。

5.9.3　组框机操作

点动"联动退"按钮，确认各压头全部退回。

放置一块电池组件，点动"长边进"，直至到达气缸死点位置。

点动"短边进"，直至到达气缸死点位置。

点动"组角进"，直至到达气缸死点位置。

启动"组框锁按钮"，此时短边压头、长边压头、组角压头均处于"压进"至死点状态。

启动油泵电机。

点动"刀进"（角码连接件结构），直至压力表指示设定的最大值即可（不能长时间处于最大值状态，否则电机过热，报警器发出蜂鸣声）。

按"刀退"（角码连接件结构），直至四个压刀全部退回，报警器发出的蜂鸣声停止。点动"联动退"按钮，确认各压头全部退回。

取出电池组件。必须启动"组框锁按钮"后，启动"刀进"才生效。

按"刀退"，报警器发出的蜂鸣声停止后，点动"联动退"按钮，确认各压头全部退回。

5.10　光伏电池组件测试

光伏组件组框完成后几乎接近成品，但在组件成品入库前要用光伏电池组件测试仪器进行测试。

5.10.1　组件测试仪器

图 5-50 所示光伏电池组件测试仪设备是 SMT-B 型光伏电池组件测试机，主要用于单晶硅和多晶硅光伏电池组件的电性能参数的测试和结果记录。组件测试仪整机配置如表 5-15 所示。

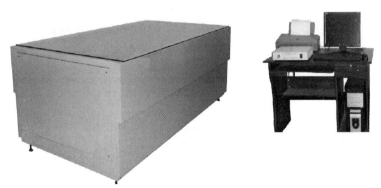

图 5-50　SMT-B 型光伏电池组件测试机

表 5-15　组件测试仪器配置表

序号	设备名称	数量
1	测试主机(含电子负载)	1 台
2	光源	1 套
3	计算机	1 台
4	14 位同步高速 A/D 板卡	1 块
5	专用测量软件	1 套
6	打印机(A4 喷墨彩色打印机)	1 台
7	标准电池(用于调整光强和校正光强均匀度)	1 片

组件测试机主要技术指标如下。

（1）通用参数

最大测试面积 70cm×40cm（最大光照面积：94cm×55cm），重复精度≤±0.5%，数据采集时间≤2ms，最短测试时间≤6s。

（2）光学性能参数

模拟光源采用大功率脉冲氙灯，光谱范围符合 IEC60904-9 光谱辐照度分布要求 AM1.5。光强 $100mW/cm^2$（调节范围 70～120 mW/cm^2），光强不均匀度±3%，辐照不稳定度±2%。

具有闪光次数记数功能（更换归零重置），出光方向为垂直下打光。

（3）电性能参数

使用单相电源 220V/60Hz/2kW，设备可连续工作 12h 以上。

测量电压范围：0～60V。

（4）测试参数

四线测量方式，测试条件自校正。

参数有 I_{sc}、U_{oc}、P_{max}、U_m、I_m、FF、EFF、T_{emp}、R_s、R_{sh}。测试间隔时间 3s/片。数据采集：I-U 曲线含 8000 个数据采集点。

具备自动测试温度、温度补偿和显示功能，可对测试温度进行温度修正。

5.10.2　成品组件周转

检测通过的光伏组件，借助专用的成品组件周转车运送到成品库，如图 5-51 所示。

图 5-51　YB-F-ZH 型成品组件周转车

图 5-51 所示为 YB-F-ZH 型成品组件周转车，其外形整体喷塑象牙白，尺寸 1800mm×1000mm×1200mm，碳钢材质。

5.11　光伏电池组件成品完善

组件测试之后的光伏电池组件再进行最终的完善。工作台包装包括修边、清洁、装线

图 5-52　YB-F-H 型工作台

盒、贴标签。图 5-52 所示为 YB-F-H 型工作台，其外形整体喷塑象牙白，碳钢材质，尺寸 1100mm×2200mm×720mm。

组件完善后，成品率应该达到 90％以上。

光伏电池块互连与组件装配的整套工艺流程到这里应该很清楚了。太阳能电池＝光伏电池，它们都是一小块一小块的，电流和电压都很小，然后把它们先串联获得高电压，再并联获得高电流后，通过一个二极管（防止电流回输），然后输出。

通常把光伏电池块封装在一个不锈钢金属体壳上，安装好上面的玻璃，密封，然后充入氮气，最后密封。整个包括架子在内的东西就是组件，也就是光伏电池组件（太阳能电池组件）。

习题 5

1. 假设一个光伏电池组件包括 40 个串联的相同特性的电池，在明亮的日光下每个电池的开路电压是 0.61V，短路电流是 3A。整个组件在明亮日光下被短路，其中一个电池被部分遮挡，假设所有的电池的理想因子都为 1，忽略温度影响，求出在被遮挡的电池上消耗的能量与遮挡百分比（被遮挡区域面积/总面积）之间的函数关系。

2. 讨论硅光伏电池的特性对它的光谱响应的影响，并解释什么时候需要考虑电池间光谱响应的差别？为什么？

3. 解释为何局部的热点会发生在大型光伏阵列中一个被部分遮挡的电池中？为了防止热点引起的损坏要采取哪些措施？

4. 一个额定 12V 的光伏电池组件包含 36 个具有相同特性的电池，每个电池的短路电流 3.0A，具有类似于商业电池的填充因子和开路电压。画出这个组件在 25℃ 时的 U-I 特性曲线，并在图中适当标注。

① 假设生产者误将其中一个电池装反，指明添加对应的 I-U 特性曲线的方法。

② 遮挡连接错误的电池会有什么效果？为什么？

　③ 如果为接错的电池加装一个旁路二极管，会有帮助吗？

5. 光伏电池以稳定而著称，但是过去几年实际应用仍有许多故障，请举出故障实例，并讨论这些问题的解决之道。

6. 解释光伏学术语"额定电池工作温度"。这个参数为什么要尽可能低？指出在不同组件设计中这个参数会如何变化？为什么？

独立光伏系统的结构设计

学习目标

1. 熟悉独立光伏系统的组成部分及独立系统结构设计的决定因素。
2. 熟悉光伏组件的作用与选择。
3. 了解蓄电池的类型和作用。
4. 了解蓄电池功率调节与控制的部件。
5. 了解逆变器的类型与作用。
6. 了解系统平衡器件的作用及安装。
7. 能读懂独立光伏系统结构设计施工图。

学习任务

1. 选择不同类型的蓄电池。
2. 掌握独立光伏系统的结构图和设计图。
3. 设计独立光伏系统结构施工图，拟订结构图分析计划。

思政课堂

　　自古以来，理论与实际相结合，是亘古不变的真理，也是成功的关键。我们在屋顶光伏项目的设计过程中，同样要从理论和实践两个方面进行研究，理论上要考虑整体结构是并网型还是独立型，具体实践过程中，要根据用户的需求认真研究，这样才能进行比较好的设计。

案例引学

理论联系实际之
诸葛亮"借东风"

引导问题

1. 独立光伏系统的组成部分有哪些？
2. 独立系统结构设计的决定因素是什么？
3. 独立系统的组件如何焊接与安装？

引导问题

4.常用蓄电池有哪些类型？

5.光伏发电系统中蓄电池作用是什么？

6.为何现在发电系统中常采用铅酸蓄电池？

7.如何选择蓄电池功率调节与控制部件？

8.安装蓄电池功率调节与控制部件时应注意什么？

9.什么时候采用逆变器？

10.常用逆变器有哪些类型？

11.逆变器在光伏发电系统中的作用是什么？

12.安装逆变器时应注意哪些事宜？

13.如何设计与安装系统平衡器件？

14.怎样绘制独立光伏系统结构设计施工图？

6.1 独立光伏系统组成

基于独立光伏系统的电力系统，其设计由地点、气候、地理特征和设备选择所决定。独立光伏发电系统主要由太阳能电池方阵、蓄电池、控制器、逆变器等基本部分组成。图 6-1 为独立光伏系统结构图。图 6-2 为独立光伏系统示意图，同时还有整流器和二极管等其他辅助器件。

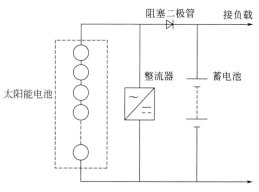

图 6-1　独立光伏系统结构图

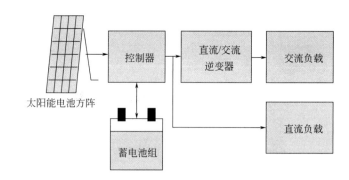

图 6-2　独立光伏系统示意图

6.2 电池组件

太阳能电池单体（图 6-3）是光电转换的最小单元，尺寸一般为 $4\sim100\text{cm}^2$。太阳能电

池单体的工作电压约为 $0.5V$，工作电流约为 $20\sim25mA/cm^2$，一般不能单独作为电源使用。将太阳能电池单体进行串并联封装后，就成为太阳能电池组件，其功率一般为几瓦至几十瓦，是可以单独作为电源使用的最小单元。太阳能电池组件再经过串并联组合安装在支架上，构成太阳能电池方阵，可以满足负载所要求的输出功率，如图6-4所示。

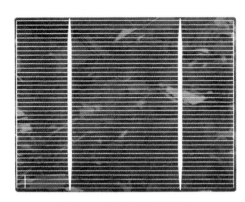

图 6-3　太阳能电池单体

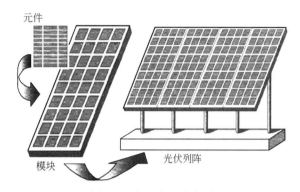

图 6-4　太阳能电池方阵

　　在一个独立系统中，电池组件通常是用来为蓄电池充电的。一般而言，基于丝网印刷技术或栅硅太阳能电池技术的 36 片电池组件，能够串联起来为一个 12V 蓄电池充电。

　　每个单体（丝网印刷）太阳能电池的典型性能如下：

　　开路电压(U_{oc})＝600mV（25℃）

　　短路电流(I_{sc})＝3.0A

　　填充因子(FF)＝75%

　　最大功率电压(U_{mp})＝500mV（25℃）

　　最大功率电流(I_{mp})＝2.7A

　　电池面积＝100cm²

因此，36 片电池片串联得到：

　　开路电压(U_{oc})＝21.6V（25℃）

　　短路电流(I_{sc})＝3.0A

　　填充因子(FF)＝75%

　　最大功率电压(U_{mp})＝18V（25℃）

　　最大功率电流(I_{mp})＝2.7A

　　实际上，由于玻璃的表面反射、电池与密封材料之间的界面反射及电池之间的失谐损失等原因，封装到组件中的电池比未经封装的电池平均效率要低一些。

　　为一个 12V 的铅酸蓄电池充电，需要使用 U_{mp}＝18V 的组件，这是因为：

　　① 当太阳能电池工作温度升到 60℃ 时电压损失约 2.8V；

　　② 通过阻塞二极管时电压下降 0.6V；

　　③ 通过稳压器时通常电压下降 1.0V；

　　④ 光照强度不足的情况下电压也会下降；

　　⑤ 要使蓄电池完全充足电，需要 0～14.5V 的电压。

太阳能电池的使用寿命主要取决于封装质量，尤其是防潮保护。组件设计和材料选择能够对电池的工作温度及效率产生非常大的影响。太阳能电池的性能也受到诸如安装地点、阴影、倾斜角度以及组件的清洁程度等因素的制约。

6.3　选择蓄电池

(1) 蓄电池种类

蓄电池的分类

适用于独立光伏系统的蓄电池有很多种类型，包括铅酸、镍镉、镍氢、充电式碱性、锂离子、锂高分子和氧化还原蓄电池。目前，铅酸蓄电池使用得最为普遍。

(2) 蓄电池的作用

① 储存电能。白天太阳能电池板将太阳能转化成电能，储存在蓄电池中，夜晚蓄电池将储存的电能输向负载，使负载正常工作。为保证系统能够度过低日照月份而进行长期存储。

② 缓冲作用。对不稳定的电流、电压在流向负载时起到一个缓冲作用。经过储存缓冲的电流和电压，以一个足以让负载正常工作的电流和电压输出。

蓄电池容量的
基本计算方法

③ 调节作用。维持系统运行，水泵、割草机、制冷机等生产性负载会产生浪涌电流和冲击电流，蓄电池的内阻及动态特性能向负载提供瞬间大电流。

(3) 要求

独立光伏系统的一个主要局限就是蓄电池的维护。对于长期运行的蓄电池系统来说，主要需要满足以下特征：

- 寿命长；
- 较长的负载周期和较低的漏电量（长期低电量使用）；
- 比较高的充电效率；
- 低价格；
- 低维护。

(4) 效率

独立光伏系统典型的平均工作效率为80%～85%，冬天升高至90%～95%。

(5) 容量

蓄电池电压不低于某指定值的情况下蓄电池所释放的最大能量叫蓄电池容量，单位是千瓦·时（kW·h）或安培·时（A·h）。放电率会影响蓄电池容量。对于铅酸蓄电池来说，放电率一般被定为10h，但光伏系统配套蓄电池的放电率一般被设为300h。蓄电池的容量还受温度影响，在20℃以下时温度每降低1℃，容量下降1%。

(6) 放电深度

放电深度（DOD）指从蓄电池取出电量占额定容量的百分比。浅循环蓄电池的放电深度不应超过25%，深循环蓄电池则为80%。因为蓄电池寿命受蓄电池的平均充电状态所影响，因此在设计一个系统时必须协调好电池的循环深度和容量之间的关系。

6.4　铅酸蓄电池

(1) 类型

目前，太阳能独立系统中最常用的是铅酸蓄电池，如图6-5所示。它有深（浅）循环或胶化蓄电池、受控或液体电解液蓄电池、密封式和开放式蓄电池等几种类型。

图 6-5　常见铅酸蓄电池

密封式蓄电池又称阀控铅酸蓄电池，使用时不可以补充电解液，比开放式蓄电池更易于维护。开放式蓄电池使用时需要经常补充电解液，并确保电池安置处的通风良好，以防止氢气累积发生爆炸。

（2）极板材料

不同种类的铅酸蓄电池拥有不同类型的极板。

① 纯铅极板。纯铅极板柔软而易损坏，操作时要小心。它们有低漏电率和较长的使用寿命。

② 铅钙极板。强度高，价格低，寿命短，使用这种极板的蓄电池不适合反复深度放电。由于其较低的氢气放气率，铅钙极板也被广泛地应用于阀控铅酸蓄电池中。

③ 铅锑蓄电池。强度高和电阻率低，通常应用于汽车工业。价格比纯铅或铅钙蓄电池更便宜，但寿命较短，而且漏电严重。在深循环时电池会迅速老化，所以需要一直保持满电状态，不太适合应用于独立光伏系统。

④ 铅镍蓄电池。它们的电解液消耗较快，所以需要经常加满，通常仅适合于开放式蓄电池。

（3）充电

光伏系统的蓄电池通常被用于浅循环模式（即恒定电压模式）或循环模式。蓄电池在冬天长期处于低充电状态，较低充电量会使极板上生成硫酸铅晶体，出现硫酸化现象，导致蓄电池的效率和容量降低。

将最低电量限制在 50% 左右，能够有效地减少硫酸铅沉淀，并维持硫酸浓度。另外，增加太阳能电池板的倾斜角度，充分利用冬季阳光，可减少硫酸铅沉淀，但会降低夏天的日光使用率。

过充电会生成氢气，从而搅动电解液，有利于电解液的均匀混合，进而防止电解液在蓄电池底部集聚出一个高浓度区。但是，过充电也会导致极板上的活性物质脱落和电解液损耗。为了控制过充电，每个电池的电压会用稳压器限制在 2.35V，这样蓄电池的电压最大值也就被限制在 14V 左右的位置。

最普遍的调节和控制铅酸蓄电池的方法是通过测量电池电压，估算出电池充电量。充电会在电压高于指定值时停止，以减少氢气排放，控制电解液的搅动，以达到均匀混合而不会有过量的电解液消耗。同样，放电也会在电压低于指定值时停止，从而减缓蓄电池老化。

（4）效率

典型的铅酸蓄电池效率如下：

- 电量效率——85％；
- 电压效率——85％；
- 能量效率——72％。

（5）工业标准和分类

欧盟已经对独立光伏系统的蓄电池选择制定了标准和分类，依据其用途定义了 6 个类别的蓄电池系统。它同时还配套了一个在线设计工具 RESDAS 和一个设计资料库。

6.5　其他蓄电池设备

选择蓄电池主要考虑的因素是成本、循环寿命、可购得程度、操作与维护的难易程度等。目前市场主要选择铅酸蓄电池和镉镍蓄电池（便宜但有毒）；中期选择是钠硫电池、锌镍电池、改良型铅酸蓄电池和镉镍蓄电池、镍氢、镍/金属氢化合物等；长期选择是铁铬氧化还原电池和可再充电的锌二氧化锰电池（环保但昂贵）。几种常见的蓄电池特点如下。

（1）镍镉蓄电池

镍镉蓄电池通常作为家用可重复充电蓄电池使用，也能适应独立光伏系统的要求，尤其胜任寒冷的气候。和铅酸蓄电池相比，它们有着许多优点：

- 可过量充电，也能够充分放电，从而避免设计时预留额外电容的需要；
- 低温工作也有极佳的性能，即使冻结也不会损坏电池；
- 更高的充电速率；
- 放电过程中电压恒定，低内阻；
- 寿命较长，较耐用，维护要求低；
- 不使用时漏电率低。

不过，它们也有许多缺点，如：

- 较一般的铅酸蓄电池贵 2～3 倍；
- 充电蓄能效率较低（60％～70％），放电速度比较慢；
- 需充分放电以控制记忆效应，以及记忆效应所导致的无法完全放电的问题。

与铅酸蓄电池相比，尽管其总运行成本在某些情况下花费较低，但是它的初装价格大约比铅酸蓄电池高 3 倍。

（2）镍氢蓄电池

镍氢蓄电池通过从金属化合物中吸收和放出氢来完成充放电过程。电解液里含有氢化钾水溶液，它大多数被电极和分离层吸收。与镍镉蓄电池相似，它们的电压是 1.2V，但跟镍镉电池相比，它们的能效高达 80％～90％，最大功率略低，并且受记忆效应影响更少。反转电压对镍氢电池影响显著，因此必须保证避免这种连接，特别是在多个电池串联的时候更需注意。因为价格高昂，镍氢电池不太可能被广泛地应用在边远地区的光伏系统上，但它正在迅速地替代镍镉电池，成为便携式设备的第一选择。

（3）可充电碱性锰蓄电池

可充电碱性锰蓄电池已问世达几十年之久，属于密封型蓄电池，额定电压为 1.5V。它们不含重金属，相较其他类型的蓄电池而言也较环保，但它们仅适用于小型蓄电系统。碱性锰蓄电池的问题在于内阻较高，而且一旦过度放电，会影响其使用寿命，因此有必要将放电深度限制在仅几个百分点的范围内。这种蓄电池在特殊情况下也适用于光伏系统，如紧急照明等。

（4）锂离子和锂聚合物蓄电池

锂电池通常应用于便携设备，如电脑、相机、PDA 和手机上。锂电池的额定电压为 3.6V，采用有机溶液作为电解液。锂电池也属于密封型蓄电池，会配备保险阀。金属锂的化学活性非常强，所以在电池设计上要严格防范爆炸和着火的可能性。使用时需要注意防止过充电、过放电、过流、短路和高温。

（5）氧化还原蓄电池

氧化还原蓄电池用液态电解液通过可逆反应来充电和放电。溶液在流过蓄电池时，其中的活性离子被一层选择性离子膜控制。电解液独立于电池存放，以避免漏电。相对于铅酸电池而言，它们有较长的循环周期、更高的能量密度，而且能够完全放电。其容量与活性材料的存量相关，而额定功率则与蓄电池的容量有关。因此，对任意系统设计都能独立地选择电池的容量和额定功率。氧化还原蓄电池的效率也很高，比如钒氧化还原电池。但需要定期维护并注意在恶劣环境下活性材料的污染。

（6）大型电容器

与一般的电容器不同，这种静电储存装置在电极之间使用了离子透导薄膜，而非双电极。它的优点是长循环寿命，低内阻，并且适用于高功率系统。其蓄电量与电压直接关联，容易估算。

超容电器因其高漏电率而不适合作中长期的电力储备。不过，它们也许会在系统需要额外功率的时候派上用场，比如在水泵启动的瞬间或用来稳定供电高峰期的需求。

6.6　功率调节与控制

（1）二极管

阻塞二极管的使用，可以避免光伏系统中的蓄电池短路，同时防止在没有光照的时候蓄电池通过太阳能电池漏电。它们的功能通常依靠稳压器来满足。二极管限压器也可以用来保证蓄电池不会给负载提供过高的电压。

（2）稳压器

蓄电池稳压器，也叫充电控制器，如图 6-6 所示，被用在光伏电力系统中来避免蓄电池的放电不足和过充。经常被提及的两个主要技术参数如下。

图 6-6　蓄电池稳压器

① 高压开路电压（U_R），即最大工作电压。当电压达到该点时，充电控制器可以中断充电或者限制输入蓄电池中的电流。

② 滞后电压（U_{RH}），定义为高压开路电压与断开后恢复充电电压之差。如果滞后电压设置得太大，充电就会被长时间中断。如果滞后电压设定得太小，电路就会在断开与闭合之间做频繁的振动。

防止蓄电池过充的基本充电调节方法有两种。

① 中断调节。充电控制器相当于一个开关，在充电时可以将太阳能板生成的电流导入蓄电池内，当达到最大设定电压（U_R）时，控制器制造一个开路或短路来切断充电电流；当电压降到 $U_R = U_{RH}$ 的时候重新通电。

② 恒压调节。和中断调节类似，在达到最大工作电压之前充电电流会流入蓄电池。不同的是，在接近最大工作电压时充电电流会逐渐减小，以保证蓄电池能够收集到全部电流。

a.并联调节器（即稳压器）　用一个固态元器件来消耗多余的能量，这样就能够将蓄电池的电压限定在设置的范围内。把一个阻塞二极管串联于蓄电池与开关之间，以防电池短路。并联调节器仅适用于电流小于 20A 的小型系统。

b.串联调节器　当达到一定预调电压时，串联调节器被用来控制组件电流。该控制器被串联于光伏组件和蓄电池之间，这样在控制器两端也就形成了相应的电位差。通过这种连接方式，可以在需要时直接切断电路，也可以将控制器当作一个可变电阻来使用，从而在电压趋近高压开路电压时将其限定为恒压。

c.脉宽控制器　通过调节电流脉冲周期来控制电路，既适用于并联，也适用于串联。

d.最大功率点跟踪器　可以将太阳能板的输出电压从其瞬时最大功率点（与光照和工作温度有关），调整为符合系统充电要求的电压。这样在为保护蓄电池而将充电量减少或暂停时，光伏组件的工作效率会被调低。

(3) 逆变器

在光伏系统的运行中，逆变器是将直流电转换为交流电的设备，同时还可以提升电压，一般能根据需要将 12 V、24V 或 48V 的直流电变成 110V 或 220V 的交流电。如果系统规模更大，逆变器也可以提供更高的电压。配置在独立光伏系统上的逆变器需要提供稳定的电压和频率。多数独立光伏系统安装的逆变器还会配备一个绝缘变压器，用来将电路的直流和交流部分隔离。

① 轻型逆变器　一般能连续输出 $100 \sim 10000 W$ 的功率，有的可进行频率控制，主要适用于诸如电脑和电视等小型用电器。其缺点在于效率较低，易产生噪声和电磁干扰，如图 6-7 所示。

② 中型逆变器　能连续输出 $500 \sim 20000 W$ 的功率，有的带有"负载需求开关"（即随负载的变化自动闭合或切断）装置。此规格的逆变器适用于许多中小型用电器，但无法为大型交流感应电动机提供足够的启动电流，如图 6-8 所示。

③ 大型逆变器　能连续输出 $10000 \sim 60000 W$ 的功率，可适用于启动功率为 $30000 \sim 200000 W$ 的交流感应电动机。

对于上面的大多数逆变器来说，当负载量为逆变器额定功率 $25\% \sim 100\%$ 的范围之内时，效率为 $80\% \sim 85\%$。逆变器的另外两个选择标准是出波形和待机能耗。交流用电器一般要求使用和电网信号一样的正弦波。

在独立光伏系统中，对逆变器的要求如下：

• 可承载的输入电压范围较大；

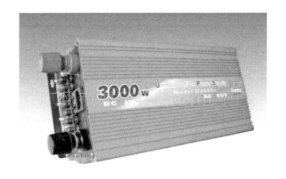

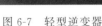

图 6-7　轻型逆变器　　　　　　　　　　图 6-8　中型逆变器

- 电压波形近似于正弦波；
- 输出电压（±8％以内）以及频率（±2％以内）误差小；
- 低负载工作时保持高效率（10％负载时效率最好达到90％以上）；
- 能够承受瞬时过载（尤其在电机启动时）；
- 自动针对负载变化做出恰当调整；
- 适用于设置了半波整流的负载；
- 不易短路。

6.7　系统平衡器件

　　蓄电池、整流器、逆变器和其他系统配件被统称为系统平衡器件（BOS），最常见的系统平衡器件还包括布线系统、安装支架和护盖。一般光伏系统的使用寿命长达 20 年以上，因此，对这些器材最主要的要求就是长期工作的稳定性，而造价又不能太贵。

6.7.1　电路布线

　　太阳能系统中一般会使用铜制导线，也可以在超长距离使用铝线。必须注意的是铝线不能与铜线直接搭接，而且在使用铝线时需要使用专用的连接口。在选择导线尺寸（即导线横截面积）时须注意，太阳能板与蓄电池之间以及直流控制板与直流负载间的阻抗损耗都必须小于 5％，而蓄电池与直流控制板间的阻抗损耗则应小于 2％。系统额定电流太大，会造成导线过热、绝缘层脱落，甚至有可能引发火灾。电线的规格与它的横截面积和分股（分几股、每股直径等）有关。电流较大时应使用更粗的电线。布线时还应预防动物破坏等。

6.7.2　过流保护

　　和所有电力系统一样，为保护电气设备和人员安全，光伏系统必须配备如断路器或保险丝这样的过电流保护装置。设计使用过流保护时，必须确保直流器件的额定电流满足系统工作条件，尤其是要满足太阳能电池的最大输出电流。不同的过流器适用于不同的系统设计和额定功率。总的设计原则是，布线时应使用高熔断电阻丝或适合的断路器来将电流限制在电路中任意一点的导电瓶颈以下，以避免过载或短路。蓄电池的过流保护装置应安装在尽可能近的地方，以避免电路打火，引燃从蓄电池中泄出的氢气。每个串联太阳能电池电路都应配备独立的过流保护设备。

6.7.3 开关

电路中有时可以用断路器或保险丝作为开关，来隔开光伏组件、蓄电池、控制器和负载。为降低外界环境的影响，开关应被置于适合的护盖箱中。直流开关功率大，价格昂贵，并且应注意不能在直流电路中使用交流开关。开关的额定电压至少应为太阳能组件开路电压的 1.2 倍，且必须能够断开所有电极。最后，在低压与高压电路之间必须进行安全隔离，在意外的突发故障中，隔离系统应能够迅速自动断开。

6.7.4 连接器

到目前为止，连接问题是造成光伏系统故障的最常见因素。减少问题的措施可以考虑以下几点。

① 确保连接器与电线规格相匹配。

② 环形连接器比铲形连接器更不宜脱落，应优先使用。

③ 剥去电线末端约 1cm 长的绝缘层。如必要，需使用溶剂清理，然后用卷边工具将连接器与导线相连接。

④ 子系统间的接点应在末端接头处使用绝缘带固定，并放在防雨盒中。连接端口和连接器应使用同种金属。

⑤ 仔细检查电线是否有接触到不同电位金属而可能发生短路的地方。

⑥ 确保接口和刀口处有绝缘保护。

⑦ 安装完毕，再次检查所有连接。

⑧ 蓄电池电线接口处应该被卷边处理，化学液体蓄电池连接器应使用不锈钢插销、螺母、螺帽、垫片与弹簧垫片。

另外，电路中的插头、插座以及耦合器必须是多极的，且其额定电压需为光伏组件开路电压的 1.2 倍以上。它们的额定电流也应等于或略大于配套电缆中的电流。最后，在一般电路中不应使用交流主电源专用的插头和插座。

6.7.5 接地

接地是指将光伏系统中选定的电位接点，通过低阻抗路径与地面连接。在有些情况下，如使用双重绝缘层的设备，是不需要接地的。设计时必须要保证所有金属部件，包括工作人员可能触摸到的太阳能板支架部分，都要做完备的接地处理。

系统接地指的是将电路中的一个点（一般取电路负极，也可用正极或正负极中值点）与地面相连接。选择接地点时，还需要考虑到电路控制器（如逆变器等）制造商对于其设备的工作环境要求等。为保证与地面接触良好，需要埋设一个导电棒。地下水体丰富的地区接地比较容易；反之，岩石土壤可能影响接地导电。

6.7.6 雷电防护

当光伏系统所在地区有可能出现雷电时，必须安装专门的防护设备，但一般不是必要配件。此类保护设备可包括钳位电路、金属氧化物变阻器、断路器和瞬时吸收齐纳二极管等。

这些器件就像电路开关，平时断开，直到开路两端电压升高到额定击穿阀值电压以上时再导通，进而激活接地电路。

6.7.7　计量和预警

光伏系统工作时需要时刻测量蓄电池电极电压、输入电流和发电机（及备用发电机）的运行状况，也可以安装电池电压警报器，监控防止蓄电池电压过高或过低。

6.7.8　蓄电池保护和安全标识

人类、设备和自然环境必须远离酸性物质和氢气（可能发生爆炸），因此需要对蓄电池作隔离保护。当环境温度低于零度时，可将蓄电池置于水下冰封，但务必要做好排水准备；如果气温高于零度，则需安放在专用房间或箱子内。蓄电池绝不能被直接放置在水泥表面上，这会增加蓄电池的漏电速度，尤其是当混凝土表面潮湿的时候危害更为显著。此外，还须防止蓄电池高温和局部过热。

使用液态电解质的蓄电池时，必须提供足够的通风，以减少任何潜在的爆炸危险。出于安全考虑，在大型敞开式空间内，墙壁高度必须高于蓄电池顶部 500mm，以将电池与潜在的火花源相隔离。

6.7.9　电子元器件的保护

在使用任何电子设备时，保护好调节器、控制器和逆变器，防止其受到外界破坏，对延长设备的使用寿命和保证其工作稳定来说至关重要。所有的印刷电路板都需要覆盖一层保护膜，使其免遭灰尘的污染。

设计时还必须考虑到通风情况，以保证电路板温度维持在可接受范围内。但是，通风同时也可能会带来灰尘的问题，因此可以在通风口安装灰尘过滤器。还须注意的是电子设备不能直接固定在蓄电池上面，其理由主要有三：
① 酸性蒸汽可能会破坏设备；
② 设备可能产生电火花；
③ 电路维护时，工具可能会掉落在电池上，导致短路和打火。

6.7.10　组件支架

不同的光伏组件支架结构会影响到系统的输出功率、安装费用和养护要求。
常用的支架结构材料及特点如下。
① 铝：轻便，坚固，耐腐蚀；易于切割；与大多数光伏组件框架材质相同；不易焊接。
② 角铁：易于切割；如果未电镀，会快速腐蚀；易于焊接。
③ 不锈钢：耐久性极强；造价高昂；不易切割；不易焊接；适用于盐雾环境（如海边等）。
④ 木材：廉价；易于切割；需要做防腐处理；不适合潮湿环境。
所有的支架材料都应配套使用不锈钢螺帽和螺钉。光伏组件支架的安装方式如下。

（1）固定支架安装式
目前最常见的设计是固定支架结构。组件被安置在支架上，根据其所处地理位置不同，按要求决定倾斜角度。

（2）换季调整式

随着一年中正午太阳高度的变化，可以每月或每季手动调整太阳能板的仰角。

（3）单轴追踪式

随着太阳的东升西落，安装单轴追踪器的太阳能板可以沿垂直轴每小时做自动调整。

（4）双轴追踪式

沿南-北和东-西两个轴向对太阳进行追踪，可进一步增加光伏系统的能量输出。

（5）聚光发电式

聚光发电是用光学透镜和反射镜将阳光聚焦在一个更小面积的高效率太阳能电池上，通过使用成本相对较低的光学器件，整个系统的造价可以被控制在较低的水平。

习题 6

1. 描述光伏组件的基本物理性能。如何检查光伏组件的焊接质量？

2. 试述蓄电池的类型以及其优缺点。各种蓄电池的主要用途是什么？

3. 试针对蓄电池控制器进行分析，描述安装过程的内容。

4. 试分析离网逆变器的作用和安装方法。

5. 试分析系统平衡器件的类型、应用场合、优缺点，分析光伏系统的安装过程。

独立光伏系统设计

学习目标

1. 了解独立光伏系统设计的核心及设计准则。
2. 了解系统利用率的设计。
3. 了解混合系统的设计。
4. 学习独立光伏系统设计方法。
5. 分析讨论独立光伏系统设计的实例。
6. 了解圣第亚国家实验室的方法。
7. 了解《澳大利亚标准 AS4509.2》。
8. 了解系统设计软件。

学习任务

1. 小组讨论独立光伏系统的设计及分析实例。
2. 能够根据具体负载要求设计出独立光伏系统。
3. 观看独立光伏系统结构设计各组成部分设备图片，查阅网络、图书等文献资料。

思政课堂

不同的光伏系统设计会产生不同的效用。通过太阳能光伏系统的创新设计，太阳能光伏提水站成为了某些地区人们幸福生活的希望。光伏提水技术将太阳辐射能转变为电能，再由电能驱动水泵抽取地下水，既灌溉了草场，又解决了草场周边牧民及他们的牛羊牲畜的饮水问题。

案例引学

太阳能光伏提水站

引导问题

1. 独立光伏系统设计的核心及设计准则是什么？
2. 什么是系统利用率？

引导问题

3. 什么时候采用混合系统设计?

4. 独立光伏系统设计的主要步骤有哪些?

5. 独立光伏系统设计公式及考虑因素有哪些?

6. 圣第亚国家实验室的方法对独立光伏设计有什么意义?

7.《澳大利亚标准 AS4509.2》包括哪些内容?

8. 常用的独立光伏设计软件有哪些?

9. 如何使用常见的独立光伏设计软件?

7.1 独立系统

独立光伏系统设计的核心在于根据特定负载的需求来选择适合的配件。除了负载的特征，同时也需要考虑组件的成本及其工作效率。独立光伏系统如图 7-1 所示。

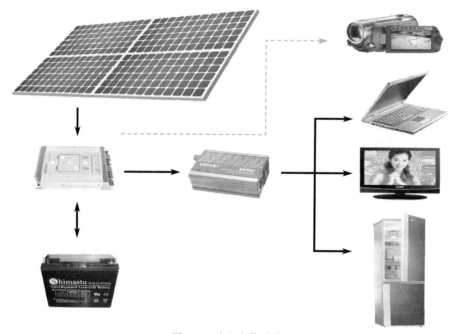

图 7-1 独立光伏系统

根据不同情况，主要的设计准则包括以下几点：

- 最低寿命周期成本；
- 允许负载和阳光辐照量的波动；
- 设计的模块化和灵活性；
- 维护和修理的简易程度；
- 输出电能的品质；
- 可靠性；
- 社会因素。

7.2 系统利用率

系统的利用率被定义为系统能够满足负载需求的时间所占其总运行时间的比例。在独立光伏系统中，系统的利用率主要取决于蓄电池的容量。一般情况下，独立光伏系统的利用率被设计为95％左右，而关键性系统则通常需要99％的利用率。

一般来说，天气、故障、系统维护和负载用电超标，是影响光伏系统利用率的主要原因。但是，系统利用率越接近于100％，其投资成本也将增长越多。造价与利用率间的关系如图7-2所示。在光伏系统的设计过程中，根据每套系统的确切用途，该系统所处地区的日照变化情况以及工程预算的限制，决定了这套系统应该具备多高的利用率。一般性电力系统，如家用太阳能系统，可先按照非关键设备标准来设置其系统利用率，使用时如果必须提高利用率，则可逐渐升级系统配置。利用率低于80％的光伏系统一般不会留下剩余电能，因为即使在夏天万里无云的日子里，光伏系统产生的电量仍然无法填充负载的能量消耗。

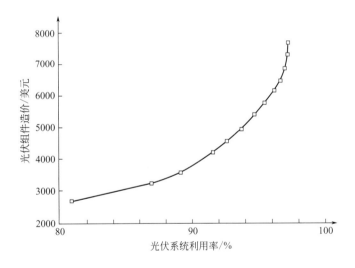

图7-2 系统组件造价与利用率间的关系

学习笔记

7.3 混合系统

在一些项目中使用混合能源系统是一个既稳定、节能又经济划算的选择。该系统用光伏发电来满足部分或绝大部分的电力负载需求，并使用柴油或汽油发电机作为备用。这样的设计优点是更好地利用可再生能源，可以大大提高光伏系统的利用率，降低蓄电池的容量，并且也相应地减少了系统中光伏组件的数量，是独立光伏系统不足之处的补充。当然，在许多项目中，发电机和光伏系统间的兼容性很差。但是像农村用电，可以由当地居民自行进行系统维护的项目，是非常值得考虑使用混合系统的，如图7-3所示。

学习笔记

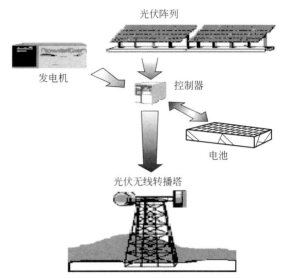

图 7-3　混合发电系统

7.4　光伏系统的简易设计方法

传统光伏系统设计方法的核心是提高系统利用率，同时将太阳能电池板的数量根据蓄电池容量进行优化。光伏建筑系统设计的详细步骤如下。

（1）确定负载

为尽可能精确地明确负载特性，进而对配件和成本进行优化设计，必须获取以下信息：

- 系统额定电压；
- 负载所允许的电压浮动范围；
- 平均每天的负载量；
- 全年的大体负载数据。

一般负载功耗为：

$$Q=\sum IH$$

式中，I 为负载电流；H 为负载工作时间，h。

以微波中继站为例，其电压范围约为（24±5）V，平均每天的负载量 100W（电流为 4.17A），储备电能为 15 天用量。

（2）选择蓄电池容量

确定蓄电池容量：

$$C=Qd\times1.3$$

式中，d 为连续阴雨天数；Q 为负载功耗；C 为蓄电池标称容量（10h 放电率）。

对于无线电通信这种关键系统来说，最好采用比较保守的设计方案。一般要求蓄电池存储满足 15 天的用电量，这样可以达到非常高的系统利用率。上面的例子中所需要的蓄电池容量为 4.17A×24h×15（天）= 1500A·h。

（3）倾斜角度的初步估计

太阳能板倾角的选择取决于站点的位置，一般会选择比其所处地区纬度大 20°的倾角。

表 7-1 为推荐方阵倾角与纬度的关系。

表 7-1　方阵倾角与纬度的关系

当地纬度 ϕ	0~15°	15°~20°	25°~30°	30°~35°	35°~40°	>40°
方阵倾角 β	15°	ϕ	$\phi+5°$	$\phi+10°$	$\phi+15°$	$\phi+20°$

（4）辐照量

利用已有的太阳能辐照数据，可以估算出投射在指定倾斜面上的辐照量。在设计计算前，需收集当地的气象数据资料，包括当地的太阳能辐射量及温度变化，一般以 10~20 年的平均值作为依据，且当地气象部门提供的一般是水平面的太阳辐射量，需根据理论计算换算出光伏板表面的实际辐射量。

现以安装地点南昌市为例，纬度为 28.36°，最佳倾角为 28.36°＋5°＝33.36°，其太阳辐射能数据如表 7-2 所示。

表 7-2　南昌太阳辐射能数据表

月份	1	2	3	4	5	6	7	8	9	10	11	12	能量总值
水平面太阳总辐射量/(MJ/m²)	182.8	193.9	241.1	321.0	433.5	427.7	570.2	550.6	430.4	353.3	266.9	240.6	4212.0
水平面太阳直辐射量/(MJ/m²)	63.64	57.97	74.58	113.7	188.5	180.4	318.7	297.1	216.6	173.8	129.0	115.3	1940.88
斜平面太阳总辐射量/(kW·h/m²)	58.59	58.24	67.58	85.80	110.7	106.8	141.4	144.5	121.1	109.4	89.7	84.63	1179.48

（5）对太阳能电池容量的初步估算

太阳能电池方阵总功率：

$$P = P_0 T_1 / (T_2 \eta_1 \eta_2 \eta_3)$$

式中，P 为电池组件的峰值功率；P_0 为负载功率；T_1 为负载工作时间；T_2 为平均峰值日照时间；η_1 为逆变器效率；η_2 为蓄电池充电效率（0.9）；η_3 为太阳能实际发电效率（0.7）。

根据以往经验，一般要选择安装总峰值电流（即在 $1kW/m^2$ 日光照射下）为平均负载电流 5 倍的太阳能板容量。之所以选择如此大的比值是因为：

- 夜间没有阳光；
- 早上、傍晚以及多云天气光强减弱；
- 蓄电池存在充电效率限制；
- 蓄电池有漏电问题；
- 灰尘会影响光线射入。

利用估算出的太阳能阵列容量以及通过第（4）步修正过的太阳能辐照数据，可以计算全年产生的总电荷量（A·h）。在计算过程中需要考虑灰尘覆盖引起的电量损失，一般可以假设灰尘造成 10% 的损失。系统的全年发电量可以通过比较负载的全年用电量得出。在评估负载耗电量的时候，需要将蓄电池漏电情况计算在内，通常将此设定为每个月蓄电池充电量的 3%。

（6）优化太阳能板倾角

保持组件发电容量不变，略微调整倾斜角度并重复上述计算过程，直至蓄电池的放电深度降至最小值为止。这样得到的倾角为最优倾角。

（7）优化光伏组件容量

利用最优倾角，结合对蓄电池放电深度的测量，不断重复上述调整过程来优化太阳能板的发电容量。

上述设计过程的方法主要有三个方面的局限性。

① 首先需要设计一个确定蓄电池容量的办法，来配套上述方法的使用。同时还必须同时考虑光伏组件和蓄电池双重成本间的变化关系。

② 这种技术只能在日光直射和漫射数据已知的前提下有效。

③ 方法中的迭代计算测试需要使用计算机。

太阳电池发电系统设计实例

为西安地区设计一座全自动无人指导 3W 彩色电视差转站所用的太阳能电源，其工作条件如下：电压为 24V，每天电视差转发射时间 15h，功耗 20W，其余 9h 为接收等候时间，功耗为 5W。

（1）列出基本数据

• 负载耗电情况，见表 7-3。

表 7-3　负载耗电情况

工作条件	功耗/W	电压/V	每天工作时间/h
发射期间	5	24	15
等候期间	20	24	9

• 西安地理条件：北纬 34°18′，东经 108°56′，海拔 396.9m。

（2）确定负载大小

每天耗电量：

$$Q = \sum Ih = 20 \times 15/24 + 5 \times 9/24 = 14.4 \text{A} \cdot \text{h}$$

（3）选择蓄电池容量

选蓄电池容量为 10 天，放电深度 $d = 75\%$，则

$$C = 10 \times Q/d = 10 \times 14.4/75\% = 205.7 \text{A} \cdot \text{h}$$

根据蓄电池的规格，取 C 取 200A·h。

（4）决定方倾角

因当地纬度 $\phi = 34°18′$，取 $\beta = \phi + 10° \approx 45°$。

（5）计算倾斜面上各月太阳辐射总量

由气象资料查得水平面上 20 年各月平均太阳辐射量 H、H_B 及 H_a，计算出倾斜面上各月太阳辐射总量，结果见表 7-4。

（6）估算方阵电流

由表 7-4 知，倾斜面上全年平均日辐射量为 357.5mW·h/(cm²·d)，故

$$\text{全年平均峰值日照时数} = \frac{357.5 \text{mW} \cdot \text{h}/(\text{cm}^2 \cdot \text{d})}{100 \text{mW}/\text{cm}^2} = 3.58 \text{h}/\text{d}$$

取蓄电池充电效率为 $\eta_1 = 0.9$，方阵表面的灰尘遮挡损失为 $\eta_2 = 0.9$，算出方阵应输出的最小电流为：

$$I_{\min} = \frac{Q}{T_m \eta_1 \eta_2} = \frac{14.4}{3.58 \times 0.9 \times 0.9} = 4.97 \text{A}$$

由表 7-4 查出在 12 月份倾斜面上的平均日辐射量最小，为 287.6mW·h/(cm²·d)，相

应的峰值日照数最少，只有 2.88h/d，则方阵输出的最大电流为：

$$I_{max} = \frac{Q}{T_{min}\eta_1\eta_2} = \frac{14.4}{2.88\times0.9\times0.9} = 6.17\text{A}$$

表 7-4 　倾斜面上各月太阳辐射总量

月份	H	H_B	H_a	N	$\&$	R_B	R_{BT}	H_{dT}	H_{rT}	H_T
1	219.0	91.6	127.4	16	−21.10	2.033	186.2	108.7	6.4	301.3
2	264.2	106.2	158.0	46	−18.29	1.899	201.7	134.9	7.7	344.3
3	327.6	123.7	203.9	75	−2.42	1.261	156.0	174.0	9.6	339.6
4	398.9	156.0	242.9	105	9.41	0.956	149.1	207.3	11.7	368.1
5	465.4	215.1	250.3	136	19.03	0.766	164.8	213.4	13.6	392.1
6	537.9	279.1	258.8	167	23.35	0.690	192.6	220.9	15.8	429.3
7	506.5	268.3	238.2	197	21.35	0.726	194.8	203.3	14.8	412.9
8	505.9	294.2	211.7	228	13.45	0.871	256.2	180.7	14.7	451.7
9	328.2	157.9	170.3	258	2.22	1.129	178.3	145.4	9.6	333.3
10	272.8	129.0	143.8	289	−9.97	1.514	195.3	122.7	8.0	326.0
11	224.3	98.6	125.7	319	−19.15	1.922	189.5	107.3	6.6	303.4
12	200.4	83.9	116.5	350	−23.37	2.173	182.3	99.4	5.9	287.6

注：N 为从一年开头算起的天数；H 为水平面上的辐射量；H_T 为倾斜 45°平面上的日辐射量，单位为 mW·h/cm²。

（7）确定最佳电流

根据 $I_{min}=4.97\text{A}$ 和 $I_{max}=6.17\text{A}$，选取 $I=5.4\text{A}$，将方阵各月输出电量及负载耗电量以及蓄电池的荷电状态计算列于表 7-5 中。

表 7-5 　方阵各月输出电量及负载耗电量 　　　　　　　　单位：A·h

月份	方阵输出	负载消耗	差值	开始	终了	%全充
1	408.6	446.4	−37.8	200	162.2	81.1
2	421.7	403.2	18.5	162.2	187.7	90.4
3	460.5	446.4	14.1	180.7	194.8	97.4
4	482.9	432.0	50.9	194.8	200	100
5	531.7	446.4	85.3	200	200	100
6	563.2	432.0	131.2	200	200	100
7	559.9	446.4	113.5	200	200	100
8	612.5	446.4	166.1	200	200	100
9	437.3	432.0	5.3	200	200	100
10	442.1	446.4	−4.3	200	195.7	97.9
11	398.1	432.0	−33.9	195.7	161.8	80.9
12	390.0	446.4	−49.2	161.8	112.6	56.3
1	408.6	446.4	−37.8	112.6	74.2	37.1
2	421.7	403.2	18.5	74.2	92.7	46.4
3	460.5	446.4	14.1	92.7	106.8	53.4
4	482.9	432.0	50.9	106.8	157.7	78.9
5	531.7	446.4	85.3	157.7	200	100

由表 7-5 可见，即使从 10 月份开始，连续 7 个月蓄电池未充满，但最少时容量仍有 37.1%，即放电深度最大只有 62.9%，未超过 75%，所以取 $I=5.4\text{A}$ 是合适的。如果计算结果放电深度远小于规定的 75%，则可减少方阵输出电流或蓄电池容量，重新进行计算。

（8）决定方阵电压

单只太阳能电池工作电压为 2V，故需 12 只单体电池串联才可满足系统的工作电压 24V。每只单体铅酸电池的工作电压为 $2.0\sim2.35V$，取线路压降 $U_d=0.8V$，则方阵工作电压为：

$$U=U_f+U_d=12\times2.35+0.8=29V$$

（9）确定最后功率

设太阳能电池的最高温度为 60℃，则由公式可算出方阵的输出功率为：

$$P=I_mU/[1-\alpha(t_{max}-25)]$$
$$=5.4\times29/[1-0.5\%\ (60-25)]=189.8W$$

取 $P=192W$。

所以，最后取太阳电池方阵的输出功率为 192W，可用 6 块 32W 的组件（每块电压约为 16V）2 串 3 并而成。蓄电池容量为 24V，200A·h，只要用 4 只 6Q-100 铅酸电池以 2 串 2 并的方式连接起来的，即可满足需要。

7.5　圣第亚国家实验室的方法

美国圣第亚国家实验室所开发的方法，可以自动结合多年收集的太阳能辐照数据对系统进行评估。它可用于任何固定倾角系统的设计，设计者可以在纬度是 20° 的范围内自由选择倾斜角度。

在这套系统设计模型的开发过程中，需要额外处理辐照数据变化与现有的平均辐照数据间的相关度，工程师们为此对现实中 24 年内每小时的辐照数据做了连续不断的记录与分析。

该研究得出了一个有趣的结论，即使仅凭借全年最低辐照月份的数据来设计系统，系统设计的精度也不会受到影响，这使得设计被大为简化，进而才派生出了前面提到的圣第亚实验室方法。通过筛选更广范围内的设计方案，并结合处理过的平均全局辐照数据，得到了一组图线，大大方便了下面的计算：

① 确定指定系统的蓄电池容量；

② 组件倾角的优化；

③ 为选定的斜面估测投射于其上的辐照量；

④ 结合①，为系统设计太阳能电池的发电容量。

事实上共有四组曲线，每组都对应①中特定的负载流失概率（LOLP），进而从成本的角度分析这四组曲线，然后确定满足系统要求的最低成本方案。

7.6　《澳大利亚标准 AS4509.2》

《澳大利亚标准 AS4509.2》提供了系统设计时所需的基本准则、一个设计范例以及一些辅助表格。它涵盖了电力负载的评估，介绍了可再生能源发电及其备用发电系统（传统燃料）的设计方法，并详细阐明了两者间的关系。

太阳能系统的设计步骤如下。

① 对整个系统中直流和交流电的需求量及其季节变化做估算。

② 如果没有详细的全年气象数据，需要根据实际情况（即日照数据的准确性，以及该项目的重要性等），将算出的负载值提高 30％～100％，以确保用户的需求得到满足。

③ 根据实地勘测或已知数据，为该地点做能量资源评估。

④ 通过比较日照能量与负载的比值变化，确定最优/最差月份。

⑤ 系统布局设计，需要考虑各种能源方案，有时还要加装发电机。发电机可以在不牺牲系统利用率的前提下，减少所需的太阳能板和蓄电池的数量。

⑥ 选择系统部件，需尽量保证蓄电池能在约 2 周内充满，并且能够放气充电，对太阳能板的倾角做初步估算，并计算该倾角所对应的日照量。

• 根据需要选择蓄电池的容量，主要需考虑系统自给天数、每日/最大放电深度、每日能量需求、高电流设备需求及最大充电电流等。

• 检验蓄电池容量是否与负载需求相匹配（和系统自给天数等参数紧密相关）。

• 根据负载来选择太阳能板的总面积和串联数量，不足部分需要由发电机补齐。

• 使用其提供的表格，列出系统中逆变器、稳压器、充电控制器、发电机和蓄电池通风设备等。

7.7 系统设计软件

近几年出现了很多商业软件，用于计算独立或者并网光伏系统的发电容量，并模拟其工作表现。有些软件可直接与太阳辐照以及其他气象信息数据库进行数据交换，不同的程序采用不同的算法，各种不同算法及其中间结果对用户的开放度也有所不同。当然如果不通过其他方法检验，这些软件所给出的结果就不一定可靠，因此各地方标准和行业规范仍然需要优先参考。

有的软件或是制表软件模型，在指定了负载、辐照和朝向后，可以协助计算系统部件的工作情况。此类程序还可以帮助选择太阳能板、电线、蓄电池和功率调节仪器等。另外，模拟软件可以提供更细致的系统状态资料。

习题 7

1. 描述独立光伏系统的设计要领，分析独立光伏系统和混合光伏系统的区别。

2. 简述独立光伏发电系统的主要应用范围、优势与缺点。

3. 描述独立光伏系统的设计步骤，完成特定独立光伏系统的每步计算。

4. 分析处理从当地气象局获得的站点的气候资料。

5. 试根据具体负载情况分析独立光伏系统的设计合理性。

学习情境 八

特殊环境下的光伏应用

学习目标

1. 熟悉独立光伏系统的常用应用领域。
2. 了解光伏应用系统过去、现在和将来的状况。
3. 掌握应用于空间应用、海洋航行辅助、无线电通信领域的光伏系统的特点。
4. 掌握光伏系统在阴极保护中的应用。
5. 掌握一个典型的小型阴极保护系统的原理及其硬件组成等。
6. 掌握光伏系统在水泵、充电器、冷藏、运输等领域的应用。

学习任务

1. 了解光伏系统的常用应用领域。
2. 说明光伏系统不同应用领域中的组成和作用。
3. 分析不同应用领域中光伏系统的当前技术和未来发展方向。

思政课堂

天和核心舱的成功发射，让中国人在太空有个家的愿望从梦想变成现实，也让我们更加坚定了科技强国的自信。核心舱得益于高效光电转换效率的三结砷化镓太阳电池的应用，与高比能锂离子蓄电池一起构成了强大的电源系统，为空间站提供了可靠、充足的不间断的电能。

案例引学

中国空间站的电力来源

引导问题

1. 光伏系统适合在哪些领域使用？
2. 太阳能照明系统分为哪几种类型？各有什么特点？
3. 为什么太阳能电池适合空间应用、海洋航行辅助、无线电通信等领域应用？

引导问题

4. 空间太阳能电池和地面用太阳能电池在设计以及材料上有什么不同？

5. 光伏发电驱动海洋航行辅助系统是经济的，当今这样的系统还存在什么样的问题？

6. 什么是"阴极保护"？参照实际现存的系统，讨论光伏系统如何应用在阴极保护上？在设计光伏电力阴极保护系统时有什么问题和复杂性存在？小型阴极保护系统的原理是什么？其硬件组成有哪些？

7. 太阳能汽车的历史是怎样的？太阳能汽车的电路器件有哪些？车用蓄电池的种类、改进史以及控制电路是怎样的？太阳能汽车今后的发展趋势怎样？

8. 光伏动力 RAPS 系统中使用电冰箱（冷藏器）的经济性要考虑哪些因素？

8.1　特殊环境要求

光伏系统简洁的工作方式，使之成为适用于很多独立特殊应用的能源，下面着重讨论光伏系统在各种特殊环境下的应用。

大到城市供电系统，小到庭院灯、手表、计算器等小型家电，光伏系统的应用已经深入人们的生活。目前，光伏电源已应用在航天、航空领域，如各种人造卫星、宇宙飞船的供电，机场标，保安设施，地对空无线电通信等；在地面应用领域，光伏电源已在广播、电视、通信、照明、航标、气象、太阳能发电站、光伏充电站、太阳能建筑等许多方面推广应用。

8.2　照明

太阳能灯具具有能源充足、安全可靠、省电节能（不用交电费）、安装方便、寿命长的优点，主要应用于广告牌、警示灯、公共交通遮雨棚、紧急警报灯、街道照明、家用照明等。太阳能照明系统包括以下几种类型。

（1）太阳能灯具

太阳能灯具是应用最为广泛的独立光伏照明系统。该种灯具相对普通照明灯具，增加了太阳能电池板、控制器和蓄电池等配件。太阳能灯具原理如图 8-1 所示。

目前的太阳能灯具主要是应用在城市次干道和乡村道路等场合，还不能完全代替市电照

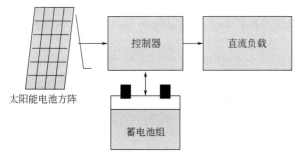

图 8-1　太阳能灯具原理

学习笔记

明，但是从长远看，太阳能灯具一定会发挥越来越重要的作用。

（2）独立式太阳能照明系统

主要指采用太阳能灯具可能受到环境的影响不适合安装的场合，可以将太阳能电池板集中放置，采用统一控制供电的方式提供照明。独立式太阳能照明系统原理如图 8-2 所示，太阳能电池板采用屋顶放置或者采用专用支架地面安装的方式。该种系统相对于太阳能灯具具有集中控制、可靠性更高的优点；缺点是尽量采用交流系统而不适合长距离输电。

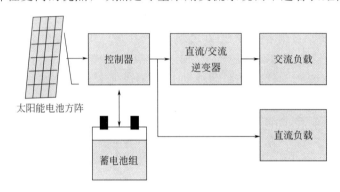

图 8-2　独立式太阳能照明系统原理

（3）与市电结合的太阳能照明系统

对于城市内照明可靠性要求高的灯具照明，为了增强系统的可靠性，可以采用与市电相结合的方式。与市电结合的太阳能照明系统原理如图 8-3 所示。该系统的优点是太阳能发电量不够时可以采用市电进行补充，既节约了能源，又增强了系统的可靠性。

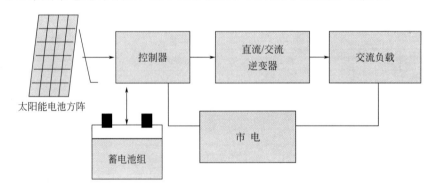

图 8-3　与市电结合的太阳能照明系统原理

除以上太阳能发电系统外，还有一些混合发电系统，如风光互补系统、光伏-柴油机系统等。但风力相对太阳能来说，更具有一定的局限性和不确定性，因此只有风力资源比较稳定和具有一定使用价值的时候才可以考虑。

近几年来灯的效率大大地提高，但是趋势仍然是如何使高功率的灯变得更高效。有益于提高照明效率的控制技术主要包括：

- 光敏控制器件（当光线很暗的时候开灯，当光线足够时关灯的装置）；
- 计时器（用于记录灯的工作周期或者代码以便于分析）；
- 开关（用于允许手动控制的场合，尤其是对于家庭用户）；
- 传感器，例如运动探测器和红外探测器（对安全系统尤其有用）。

尽管产品的质量在逐步地改进，但是过去的 10 年中，很多市面上销售的光伏庭院灯套装一般偏重设计新潮而忽略了使用时的实用价值。通常的问题主要包括：

- 使用了随时间推移而降格的低效率的非晶硅太阳能电池组件，所以无法提供足够的电能；
- 使用不能提供足够照明的低效率的灯具；
- 封装工艺差，导致水气穿透而腐蚀太阳能电池的电极；
- 使用易碎的塑料作防护，导致组件易破损，放在室外时很容易老化；
- 采用了不合适的充电控制器，对蓄电池的过充和过放失去了保护作用。

大多数独立光伏照明系统在 12V 或者 24V 直流下进行工作。荧光灯的效率是普通白炽灯的 4 倍，因此在光伏照明系统中应当选用荧光灯。最近，白色发光二极管在需要低照度的场合逐渐流行。它们的能量需求很低，因此只需要小型的光伏系统即可。

除了警示设备以及安全系统，大多数的照明系统一般不被认为是至关重要的设备，因此产品的可利用率和成本也相应较低。由于照明通常在太阳落山后才需要，因此所有的光伏照明系统中都有蓄电池。推荐使用深度循环、密封良好的蓄电池。

从用户的角度来说，在购买照明套件的时候需要关注的方面是价格、安装的方便性、产品的明确性以及安全说明，同时也要关注产品的性能以及可靠性。

8.3　太阳能汽车

太阳能汽车赛为太阳能电池尤其是高效率太阳能电池提供了一个规模不大但不断增长的市场。1987 年，美国太阳能赛车"圣雷易莎"45 小时跑完 3200km，创造了时速 100km 的纪录。图 8-4 为太阳能赛车外形。由于太阳能电池在赛车上的安装面积受到限制，汽车赛中太阳能电池的转换效率是至关重要的。在赛事中为追求设计上的极限，设计者经常会不计成本地投入。目前用于赛事的电池每瓦 600 美元。世界太阳能汽车挑战赛中，最好的赛车使用极其昂贵的砷化镓电池，通常这样的电池只用在空间领域。

图 8-4　太阳能赛车外形

然而很多名列前茅的大学生车队使用的是普通太阳能电池。这是因为这项赛事同样强调汽车效率的设计，包括：

- 空气动力学车体重量更关键的设计；
- 发动机效率（通常使用两个发动机）；

- 功率调控和控制电路；
- 蓄电池储能密度以及蓄电池的效率。

在市场上出现太阳能驱动的汽车可能还需要很多年，这是由于需要：

- 降低成本；
- 和其他交通工具的道路的兼容性，比如卡车；
- 运输部门的认可，尤其在安全性方面；
- 相关的标准化、可靠性设计（在快速地发展）；
- 消费者的认可；
- 大批量生产的轻型太阳能电池组件；
- 制动能量回馈，在频繁停车发生的情况下保持效率（现在此技术已经成熟，并在混合动力汽车上得以应用）；
- 建立充电站（这些充电站也可能使用太阳能提供电力）。

太阳能车的一个重要部件是车用蓄电池。太阳能车要求蓄电池比当前的汽车电池有更长的寿命，并且能够深度循环。车用电池对于减少漏电方面的要求并不是特别高。

蓄电能量和重量比是一个重要指标。太阳能小电流充电装置可以用来满足一些小型用电要求。比如汽车通风装置，原先在汽车不启动的情况下由于蓄电池的漏电是不能使用的。无论是非晶硅还是晶体硅太阳能电池充电器，都可以以小型组件的形式买到，只需其连接到汽车的点烟器插座上，就可以为蓄电池充电。

现在，太阳能电池阵列以及电路组件的设计过程并没有像蓄电池那样规范，因此，蓄电池和太阳能的选择通常都是分开进行的。

对于任何太阳能系统来说，用户都需要对系统有基本的认识。对于太阳能汽车来说，合理有效地驾驶对于最优化蓄电池的使用以及太阳能的输入是十分重要的。

8.4 人造卫星上的应用

人造卫星在空中运行时载有大量的仪器设备，这些仪器设备进行工作时都离不开电源，因此电源系统是人造卫星的重要组成部分。由于太阳能电池具有功率高、寿命长、可靠性好、应用方便等特点，因而在空间技术上获得了广泛的应用。已发射的卫星中，90％以上用太阳能电池作电源。

太阳能电池在卫星上的使用是按设计要求，把太阳能电池通过串联和并联的形式组合，再加各种配套设备，就组成了太阳能电池电源系统，作为卫星的主要供电电源，也叫空间发电器。当卫星在运行轨道的光照区运行时，硅太阳能电池方阵就输出电能。输出的电能，一部分经稳压和电源调节控制器对卫星上的仪器、设备等负荷直接供电，另一部分对蓄电池充电。当卫星在运行轨道的阴影区运行时，由蓄电池组经调节控制器对仪器、设备供电。相对地球静止的轨道上，由于没有云雾遮挡阳光，黑夜的时间很短，比在地面使用太阳光伏电源有更好的效果。

在应用的早期，光伏电池由于成本高，仅仅被应用于空间领域，太阳能电池不断地被用来为太空飞船、人造卫星以及火星探测器进行供电。正如预期的，由于空间应用对可靠性的高要求，应用于空间技术上的产品都执行很高的标准以及非常严格的产品质量控制。同时由于太空船对产品重量以及面积的限制，对太阳能电池的光电转换效率也有很高的要求。在空间应用中使用的太阳能电池不受地球磁场以及大气层的保护，它的寿命受到宇宙射线以及高能粒子的影响，只能达到 7 年左右。太阳能电池的这种抵抗轰击所造成的衰减能力，被称为辐射硬度。

由于太阳能电池板占人造卫星总重量的 10%～20%，占总成本的 20%～30%，所以以太阳能电池的重量及成本的降低成为下一代空间用太阳能电池的研究方向。其中，将太阳能电池打包成一个很小的面积用于发射，也是一个很重要的能力。很多空间用太阳能电池采用砷化镓以及相关化合物制作，砷化镓电池与晶体硅太阳能电池相比具有更高的光电转换效率，但是需要更高的成本。

8.5　辅助海洋航行

更换主电池所需要的高昂费用，使得在很多年前用太阳能电池对海洋导航辅助系统进行供电的成本变得十分低廉。如果系统中所使用的灯以及透镜有很高的效率，数据系统所产生的负载就很小，在这个场合就十分适合使用太阳能电池。通常一个系统包括：

- 10～100W 的太阳能电池；
- 低维护费用的蓄电池以及放置蓄电池的耐候性很好的保护盒；
- 电压校准仪或自校准仪；
- 军用标准的定时器以及电动机控制电路；
- 满足军用标准直流电动机的自动灯调节器。

系统的抗候构件是非常重要的，通常是由以下几部分构成：

- 用于电池的防风雨及抗盐雾的电池盒以及光伏组件封装系统；
- 防水、抗盐雾的电缆线；
- 透镜以及电路防护盒的密封构件；
- 用于防止鸟类栖息的长钉，它可以保持光透镜和光伏组件表面不受鸟粪污染。

太阳能作为驱动力驱动轮船，代替传统燃油，是几代轮船制造师的梦想。太阳能驱动船外形如图 8-5 所示。这种太阳能船与传统的轮船不论在外观还是运行原理上都有很大的不同，这种太阳能船利用贴在船体外表的太阳能电池板，将太阳能直接转换成电能，再通过电能的消耗，驱动轮船行驶。随着光伏技术日益成熟，太阳能在海洋航行中会得到更好的利用。

图 8-5　太阳能驱动船外形

8.6 通信

　　如今，许多国家的无线电通信的中继站是由光伏电源供电的。这样的系统适合于荒芜的地区。太阳能光伏发电在通信领域的应用如图 8-6 所示。澳大利亚是世界上最早在通信领域大量使用光伏供电的国家之一。

图 8-6　太阳能光伏发电在通信领域的应用

　　多年以来无线电通信是澳大利亚光伏市场的一个支柱性的应用方向。Telecom 公司（现在是 Telstra 公司）于 1972 年第一次做实验，将光伏发电应用于无线电通信，现在该公司仍然是光伏市场的主要客户之一。Telstra 公司使用光伏发电对包含在通信系统中的中继站进行供电，这些通信系统连接主要的中心城市，并且提供边远以及农村地区独立客户的服务。下面将讨论三种不同的应用光伏发电的无线电通信系统。

8.6.1 便携式光伏电源

　　1976 年，Telecom 公司已经开发出标准的便携式太阳能电源供电系统。这个太阳能电源供电系统使用标准的海运集装箱：
- 在运输过程中存放光电组件；
- 存放工作系统中所使用的蓄电池；
- 为维护人员提供工具；
- 为太阳能板提供安放支撑。

　　这样的系统为世界上第一个无线电通信连接提供了基础。1979 年，一个相隔 500km 通信的系统，完全利用太阳能为 13 个中继站进行电源供应。这样的系统在设计的时候充分考虑了其极高的系统运行率，典型的设计是保证连续 15 天的蓄电池存储容量。所使用的蓄电池具有以下特性：
- 纯石墨阳极电极；
- 自放电速率低（大约每月 3%）；
- 很长的使用寿命（8 年左右）。

8.6.2 无线电话服务

澳大利亚边远地区的无线电话用户使用光伏发电，将无线电话连接到最近的中继站上。这样的小型独立系统包括：

- 光伏组件（一个或两个标准组件），通常使用杆子支撑；
- 一个 12V 的蓄电池；
- 信号发送电路和一个天线。

尽管系统的负载是个变数，但如果帮助消费者掌握了系统负载的有关信息，还是可以比较好地实施控制。

除了上述的 Telstra 公司的网络系统，很多独立的高频、超高频或微波使用者，如军方、警方以及一些商务用户，也使用光伏能源。

8.6.3 手机网络

2004 年，在 Roebuck 开通了第一个手机基站。这个基站为 Broome 以及周边、离澳大利亚西北海岸较远的地区提供了手机网络覆盖。新的系统具有比常规系统更高的耐热性能，这样可以省略通风结构。太阳能手机通信基站如图 8-7 所示。

8.6.4 光纤网络

随着数据信息设备的快速发展，采用光纤主干网络进行信息传输是极为普遍的，光伏发电被用来作为那些距离电力网络很远的中继站的能源供给。光伏研究人员正在考虑应用特殊设计的高效率光伏设备，将能量转化为激光，从而能够沿光纤传播。

图 8-7 太阳能手机通信基站

8.7 阴极保护

阴极保护是电化学保护技术的一种，其原理是向被腐蚀金属结构物表面施加一个外加电流，被保护结构物成为阴极，从而使得金属腐蚀发生的电子迁移得到抑制，避免或减弱腐蚀的发生。

土壤中的水或酸（作为电解液）将电子传输给金属结构件（作为阳极），从而将其氧化或腐蚀。通过应用抵消电流，可以使金属结构件成为阴极，从而达到防止腐蚀的目的。与此相类似的是采用牺牲阳极的办法来保护金属结构，也就是在受保护结构附近安置一个更阳极化的材料（这个材料能够产生一个更大的电化学势），这个更阳极化的材料被电解液腐蚀，从而保护了所需要的金属结构。

8.7.1 系统尺寸

在设计一个太阳能阴极保护系统的时候，需要考虑以下几个方面。

① 负载的总电流等于金属（阳极）和周围电解液的最大短路电流。

② 电流的大小由暴露的金属面积的大小决定。通常，金属结构表面积有效覆盖有一个

专门定义的完整性因子。一个典型的良好塑料表面防护完整性因子为 99.999%，这意味着当金属结构表面的面积为 $10^5\,m^2$ 时，暴露金属的面积为 $1\,m^2$。

③ 阴极保护电路的电阻决定了所需要的电压，以提供第②条所需要的电流。电路的电阻是可以测试到的，但是它随着环境的湿度、温度、材料的密度，甚至是土壤的含盐量的变化而变化。

8.7.2　控制器

在实际操作过程中，控制器是阴极保护电路的核心部分，它用来调整电流以适应参考电压，从而使金属结构恒定（也就是调整电流来适应变化的电化学电势）。以下是两种不同类型的控制器：

① 控制电流的大小，通过直流到直流的转换，进行高效、良好的保护；

② 若不使用直流到直流的转换，则可以结合一个可变电阻器对电压以及电流进行有效的控制，这种方法比较简易，但牺牲了一定的转换效率。

8.7.3　电源供应系统

(1) 过去的阴极保护系统

在电网覆盖到的区域，阴极保护通过直接使用电网的电能进行。在边远地区，则使用柴油发电机或天然气发电机（甚至使用地热发电）来对阴极保护电路提供能源。虽然与从电网拉电到该区域供电比所花费的成本更高，但对于使用燃料对系统进行供电的维护费用仍然是一个很棘手的问题，尤其是对于负载比较小的情况。

(2) 现代的阴极保护系统

现在认为光伏发电系统对电路进行能源供应是非常可靠和经济的。起初，光伏发电系统仅仅被使用在小型管路和存储罐等的应用上，但是随着光伏发电成本的降低，该技术正被越来越广泛地应用在大型输送管路以及阴极保护等大型结构上。

在大多数结构上，系统运行率设计执行在一个比较低的水平，但是这就已经够用了。一般设计时系统运行率保证在 90% 左右，可以使被保护设备的使用寿命延长 10 倍。

尽管系统工作的连续性对阴极保护的重要性还没有定论，蓄电池还是被应用在大多数系统中进行持续供电。在这样的系统中，铅钙电池不宜采用，只能采用深度循环充电类型的蓄电池，比如镍镉电池以及铅酸电池。

由于光伏组件的标准化，建立这样小型的相互靠近的阴极保护系统就显得比较容易了。一个典型的小型系统包括：

- 一个 60W 的光伏板；
- 一个 12V 的 90A·h 的蓄电池；
- 一个串联充电调节器；
- 一个闭环电流控制器，在地下使用铜/硫酸铜作为阳极进行保护。

(3) 未来的阴极保护系统

随着光伏系统在供电的优势被越来越多的人所理解，光伏供电系统成本的降低以及金属镀层质量的提高，光伏供电阴极保护系统的市场将越来越好，最终的结果就是生产低载荷、高完整性、更加经济的光伏发电阴极保护系统。

8.8 供水系统

淡水供应短缺是人类21世纪面临的棘手问题之一，中国乃至世界许多地方，如沙漠等地因缺水而荒无人烟。在这些地区使用太阳能光伏发电解决人畜用水是比较好的方案。小功率太阳能潜水泵实物如图8-8所示。

图 8-8　小功率太阳能潜水泵

无论是对于小型的手动式水泵系统，还是在大型的水力发电系统中，光伏发电的应用增长都很快。在需要使用高可靠性、长寿命以及高自由度的能源供应的偏远地区，光伏发电由于具有比风力发电以及柴油系统发电的能源供应方式更为突出的优势而逐渐流行。光伏发电系统具有很多优良特性，包括低维护性、清洁、便于使用和安装、高可靠性、长寿命、无需人员操作，并且可以轻易地适用于各种需要。

同时，太阳能水泵系统适用于生活用水、农业灌溉、林业浇灌、沙漠治理、草原畜牧、海岛供水、水处理工程等。近年来，随着对新能源利用的不断提升，太阳能水泵系统在市政工程、城市广场、公园游览方面也有了广泛的应用。太阳能水泵系统结构如图8-9所示。

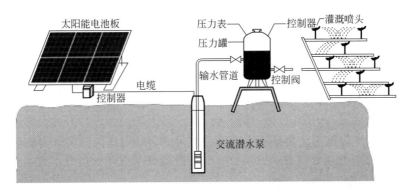

图 8-9　太阳能水泵系统结构

在各种不同需求的特殊应用系统中，以下几点是必须遵循的：系统的结构、元件类型以及它们各自的尺寸，都受到水源的容量、水资源的补给率、每天所需水资源的体积、太阳的有效辐照时间、静态水平面高度、下降水平、流出高度、扬程随季节的变化、输送管道的尺寸及摩擦力大小、抽水子系统构件的特性以及效率等的影响。了解了所有上面的这些因素，会对正确的系统设计有所帮助，另外，注意光伏组件和水泵及马达的匹配也是非常重要的。图 8-10 显示了一个典型的光伏水泵系统中的能量损失。

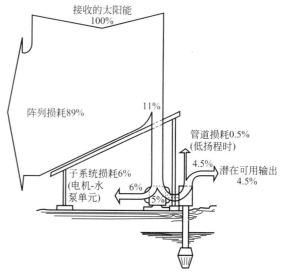

图 8-10　典型的光伏水泵系统的能量损失

8.9　室内使用的光伏消费产品

　　光伏消费品已经是一个非常大的市场，并且以非常快的速度在增长。目前这个市场主要有电子手表、电子计算器以及小型电动玩具等，它们主要使用廉价的非晶硅太阳能电池进行供电。较大的光伏消费品也日益流行，比如庭院灯等。光伏消费产品的实际发电总量或许被高估了，这是因为统计数据所采用的辐射强度是 $1000W/m^2$。然而，这些消费品上所用的电池主要是为室内使用设计的，由于电阻的损失，实际输出远小于标定的输出，即使用于户外也不例外。

　　以最常用的室内光伏产品的太阳能手电为例，其工作原理：白天收集阳光，通过阳光照射到太阳能板，把光能转变为电能，给手电里的锂电池充电，而晚上则通过锂电池驱动 LED 来发光。这个转化过程简单来讲就是：光→电→光。太阳能手电的构成配件很少，电路也很简单，由一块太阳能电池板、充电蓄电池、整流二极管、开关等构成。手电中太阳能电池结构如图 8-11 所示，电路原理如图 8-12 所示。

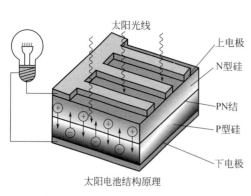

图 8-11　手电中太阳能电池结构

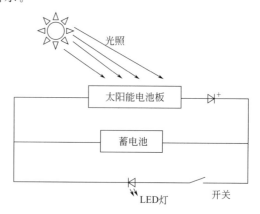

图 8-12　简单太阳能手电电路原理图

8.10　电池充电器

在使用可充电电池作为电源的场合，太阳能电池组件可以在电量不足的时候用于充电以保证电量的充足，还可以用来弥补充电电池的自放电。这样的应用在游艇以及一些休闲交通工具上已经比较普遍。将来，在笔记本电脑和汽车上的类似应用也将逐渐增加。具体的充电方式不但重要，而且对于稳压器的使用要特别注意。

8.11　制冷与冷藏

8.11.1　制冷

根据不同的能量转换方式，太阳能驱动制冷主要有以下两种方式：一是先实现光-电转换，再以电力制冷；二是进行光-热转换，再以热能制冷。

（1）利用太阳能进行光-电转换实现制冷

它是利用光伏转换装置将太阳能转化成电能后，再用于驱动半导体制冷系统或常规压缩式制冷系统实现制冷的方法，即光电半导体制冷和光电压缩式制冷。这种制冷方式的前提是将太阳能转换为电能，其关键是光电转换技术，必须采用光电转换接收器，即光电池，它的工作原理是光伏效应。

太阳能半导体制冷是利用太阳能电池产生的电能来供给半导体制冷装置，实现热能传递的特殊制冷方式。半导体制冷的理论基础是固体的热电效应，即当直流电通过两种不同导电材料构成的回路时，结点上将产生吸热或放热现象。如何改进材料的性能，寻找更为理想的材料，成为太阳能半导体制冷的重要问题。太阳能半导体制冷在国防、科研、医疗卫生等领域广泛地用作电子器件、仪表的冷却器，或用在低温测量仪器中，或制作小型恒温器等。目前太阳能半导体制冷装置的效率还比较低，能效比 COP 一般约 0.2～0.3，远低于压缩式制冷。

光电压缩式制冷过程，首先利用光伏转换装置将太阳能转化成电能，制冷的过程是常规压缩式制冷。光电压缩式制冷的优点是可采用技术成熟且效率高的压缩制冷技术方便地获取冷量。光电压缩式制冷系统在日照好又缺少电力设施的一些国家和地区已得到应用，如非洲国家用于生活和药品冷藏，但其成本比常规循环制冷高约 3～4 倍。随着光伏转换装置效率的提高和成本的降低，光电式太阳能制冷产品将有广阔的发展前景。

（2）利用太阳能进行光-热转换实现制冷

太阳能光热转换制冷，首先是将太阳能转换成热能，再利用热能作为外界补偿来实现制冷的目的。光热转换实现制冷主要从以下几个方向进行，即太阳能吸收式制冷、太阳能吸附式制冷、太阳能除湿制冷、太阳能蒸汽压缩式制冷和太阳能蒸汽喷射式制冷。其中太阳能吸收式制冷已经进入了应用阶段，而太阳能吸附式制冷还处在试验研究阶段。

太阳能吸收式制冷的研究最接近于实用化，其最常规的配置是采用集热器来收集太阳能，用来驱动单效、双效或双级吸收式制冷机，当太阳能不足时，可采用燃油或燃煤锅炉来进行辅助加热。系统主要构成与普通的吸收式制冷系统基本相同，唯一的区别就是在发生器处的热源是太阳能而不是通常的锅炉加热产生的高温蒸汽、热水或高温废气等热源。

太阳能吸附式制冷系统的制冷原理，是利用吸附床中的固体吸附剂对制冷剂的周期性吸附、解吸附过程实现制冷循环。太阳能吸附式制冷系统主要由太阳能吸附集热器、冷凝器、储液器、蒸发器、阀门等组成。常用的吸附剂、制冷剂工质对有活性炭-甲醇、活性炭-氨、氯化钙-氨、硅胶-水、金属氢化物-氢等。太阳能吸附式制冷具有系统结构简单、无运动部件、噪声小、无需考虑腐蚀等优点，而且它的造价和运行费用都比较低。

8.11.2 冷藏

太阳能光电制冷冰箱主要包括太阳能光伏冰箱和太阳能半导体冰箱。太阳能光伏冰箱是在普通传统压缩式冰箱基础上研制成的，由太阳能电池、控制器、蓄电池和冰箱等部件组成。由于太阳能光伏冰箱的内部结构与传统冰箱相同，只是供电装置改为太阳能电池，因此实现起来相对简单。

把传统交流冰箱改制成适用于光伏太阳能系统的直流冰箱后，各部件可以正常运行，冰箱可以正常工作。国内针对太阳能光电制冷冰箱的研究也不少，并有一定进展。2007年我国光伏学者对一种光伏直流冰箱系统运行性能进行了实验，该系统的唯一动力源为太阳能，采用直流压缩机，系统中配有蓄电池。实验结果表明：该冰箱冷冻室的最低温度可达−16℃，冷藏室可达0~10℃，在25℃的环境温度下工作时，运转率为48%。早在1997年，我国就把新型全数字式SPWM调制方式应用在太阳光电制冷冰箱的变频电路，并实现了冰箱温度的自动控制。在太阳能半导体冰箱的研究方面，我国也有专家撰文介绍太阳能电池驱动的半导体制冷冰箱系统的基本结构，建立了太阳能电池驱动的半导体冰箱的理论模型，并对系统性能进行了数值模拟，分析了太阳辐射强度和环境风速变化对太阳能半导体制冷系统性能的影响。

目前高效率的直流冷藏器变得越来越便宜，它们的好处是避免了直流-交流转换的损耗，也节省了添加逆变器的额外成本，同时还可以增加系统的可靠性，因而应该大力推广。大多数直流冷藏器使用12V或者24V直流，它们的效率一般是交流冷藏器的5倍，因此只需要一个较小的光伏系统来满足需求。太阳能冰箱外形如图8-13所示。它们之所以高效率，主要因素包括：

图8-13　太阳能冰箱外形

- 形状；
- 增强的绝缘性能；
- 门的密封良好；
- 区间化，每个区间具有独立的温度控制；
- 具有良好散热性能的（无风扇）高效压缩机或电动机；
- 手动除霜；
- 从顶部装载。

必须让用户了解如何正确地使用冷藏器以实现最佳用电效率，这就需要对以下使用细节的理解，它们直接影响到冷藏器的热学性能：

- 冷藏器的位置，包括散热盘管的通风需求；
- 开门的习惯；

- 使用的季节性变化；
- 装载货物的时间和温度。

8.12　远程监测及气象监测

在美国，20 世纪 80 年代后期安装的 2 万套光伏动力的监测（遥感勘测）系统中，84% 的系统在 0～50W 之间，几乎所有的都是 12V 直流系统。它们主要用来监测：

- 气象情况，包括风暴警告；
- 公路情况；
- 结构情况；
- 昆虫诱捕；
- 地震监测记录；
- 自动拨打警报；
- 水库水位监测；
- 放射性物质以及污染监测。

📝 **学习笔记**

因为仪器使用的需要以及数据传输的需要，任何一个监测系统都需要使用电。由于这些电能的需求非常低（每天负载通常以 mA·h 为单位），所以光伏发电系统成为监测系统的理想电源。由于光伏能源提供的便利性以及可靠性，在一些电网覆盖区域它也被用来替代交流电源给蓄电池充电。即便在高压电网覆盖到的区域，对于一些小负载的电力需求，采用光伏系统作为能源比安装变压器要节约成本。

在光伏系统中加入变阻器是十分重要的，可以防止数据获取设备遭受电涌袭击，尤其是在遇到闪电的情况下。可充电蓄电池（镍镉或电解液铅酸蓄电池）通常包含在数据采集设备中。如果使用镍镉蓄电池，可能需要安装自我调制系统。

太阳能气象站系统由于客观需要，一些气象站、台须设在电网未覆盖区且环境条件恶劣的高山峻岭上，它

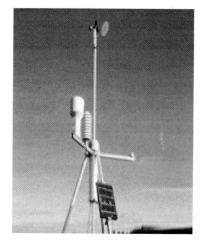

图 8-14　光伏气象监测站实物

们使用了太阳能光伏发电作为通信和生活用电的电源。光伏气象监测站实物如图 8-14 所示。

习题 8

1. 描述当前光伏应用领域中的关键技术。描述未来光伏应用技术在不同领域的发展方向。

2. 对具有光伏电池、存储电池、系统控制器的典型光伏应用系统进行简单电路设计。

3. 描述小型家用光伏产品与较大型光伏系统的差异。

偏远地区供电系统

学习目标

1. 了解中国太阳能的开发利用现状。
2. 了解中国西部偏远地区太阳能开发利用的独特优势。
3. 了解风能的发展趋势。
4. 掌握风光互补系统开发的必要性。
5. 掌握风光互补系统的结构组成。
6. 掌握柴油发电机的组成以及使用注意事项。
7. 了解偏远地区的用电特点以及事故类型。
8. 了解国外对于偏远地区供电的新技术。
9. 了解中国对于偏远地区供电的相关政策。
10. 了解中国西部偏远地区供电案例及相关项目。

学习任务

1. 总结光伏发电的特点与应用。
2. 总结风力发电的特点与应用。
3. 分析风光互补系统的组成以及各部分的作用。
4. 搜集偏远地区分布发电的案例。

思政课堂

善于发现优势，助力自身发展。河北省保定市曲阳县在坚持荒山利用的同时，坚持"绿色能源、生态开发"理念，抓住光照充足这一优势，将光伏发电项目确定为全县重要的扶贫产业，在实践中不断创新，探索出多种模式，让光伏扶贫成为真正意义上的造血式精准扶贫。

案例引学

偏远山区光伏发电
案例

 **引导问题**

1. 太阳能发电、风能发电以及风光互补系统各自的特点、差别和优缺点是什么？
2. 风光互补系统的结构与柴油发电系统有何利弊？
3. 中国偏远地区供电方案如何进行设计？
4. 目前中国偏远地区供电项目都有哪些？有何特色？
5. 目前国外偏远地区供电方法与最新技术发展方向是什么？
6. 偏远地区供电设备对生态环境有何影响以及和谐共存的方法有哪些？

9.1　偏远地区的供电策略

当今世界，电已成为人们生活中最常用的动力来源，随着生产力的发展、技术进步以及人们生活水平的不断提高，人们对电的依赖越来越强。但是众所周知，偏远地区往往都是国家电网建设的空白点，这是因为偏远地区一般用电负荷都不大，所以用电网送电就显得很不合理，而只能在当地直接发电。除此之外，部队的边防哨所、邮电通信的中继站、公路和铁路的信号站、地质勘探和野外考察的工作站以及偏远地区农牧民的用电，都需要低成本、高可靠性的独立电源系统。要解决长期稳定可靠的供电问题，只能依赖当地的自然能源。在各种能源中，太阳能和风能是最普遍的自然资源，也是取之不尽、用之不竭的可再生能源。柴油发电机是最常用的独立电源，但柴油的储运对偏远地区来说成本太高，而且难以保障，所以柴油发电机可以作为一种短时的应急电源。出于实用性和经济性的考虑，风能和太阳能成为独立电源系统能量来源的最佳选择。但是，实践证明，无论是风能还是太阳能，都受到自然资源条件的各种限制。有鉴于此，可以把风能和太阳能有机地结合起来，使它们互为补充，共同成为独立电源系统的能量来源，那将成为最经济、最合理的供电系统，也可以较好地解决偏远地区的供电困难，满足偏远地区的用电需求。

9.1.1　太阳能的开发与利用

近几年国际上光伏发电快速发展，全球太阳能新装机容量从 2007 年的 4028MWp 增加到 2019 年的 586.4GWp。产业链中有大量的投资集中到新产能的提升上。全球光伏新增装机量保持高速增长势头，光伏投资热情从早些年的制造环节向光伏应用转移，除金融机构外，很多传统企业也加入光伏投资领域。德国、西班牙对太阳能光伏发电的扶持力度有所降低，但其他国家的政策扶持力度却在逐年加大。

我国太阳能资源非常丰富，理论储量达每年 17000 亿吨标准煤，太阳能资源开发利用的潜力非常广阔。中国光伏发电产业于 20 世纪 70 年代起步，90 年代中期进入稳步发展时期。太阳电池及组件产量逐年稳步增加。经过 30 多年的努力，已迎来了快速发展的新阶段。在"光明工程"先导项目和"送电到乡"工程等国家项目及世界光伏市场的有力拉动下，中国光伏发电产业迅猛发展。

中国光伏产业技术发展水平不断提升，虽然晶体硅电池与国外先进水平相比仍然有差距，但在完善的产业链配套等因素作用下，我国晶体硅电池体现在每瓦上的竞争优势是比较明显的。

在国家大力支持下，行业技术改造形成了规模经济，工厂企业的重新布局保证了产业链的合理分布，新技术产业和扩散保持产能持续增加，导致我国光伏产业自给率再创新高，行业生产成本进一步下降，同时我国太阳能高级产品具备进口替代的基础。中国已经在光伏产业、光伏市场、光伏技术、光伏成本、光伏制造装备等各方面走到了世界的前列。

9.1.2 风能的开发与利用

能源是人类社会赖以生存和发展的重要物质基础。随着全球能源的减少，石油价格的上升，大气污染越来越严重，人们对能源和环境的问题越来越关注，可再生能源的开发与利用逐渐成为研究的重点。

虽然全球可再生能源的应用在总能源的应用中只占 14％，但各国政府和环保机构都在大力推行使用新能源，所以新能源发电比例增长很快。风能不仅具有比较好的成本优势，而且具备大规模商业化运营的条件。

目前风电技术已经比较成熟，全球风电市场截至 2018 年，全球风电装机总容量达到 591GW。中国累计装机容量达到 210.6GW。图 9-1 为全球风电装机容量发展图。

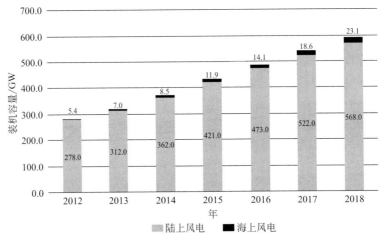

图 9-1　全球风电装机容量发展图

我国幅员辽阔，风能资源丰富，主要分布在内蒙古、新疆和东北三省以及青藏高原和东南沿海附近岛屿等地区。

2018 年，中国六大区域的风电新增装机容量所占比例为中南（28.3％）、华北（25.8％）、华东（23％）、西北（14.2％）、西南（5.5％）、东北（3.2％）。"三北"地区新增装机容量占比 43.2％，中东南部地区新增装机容量占比达到 56.8％。

2018 年，中国海上风电发展提速，新增装机 436 台，新增装机容量达到 165.5 万千瓦，同比增长 42.7％；累计装机达到 444.5 万千瓦。2018 年共有 7 家整机制造企业有新增装机，分别为上海电气、远景能源、金风科技、明阳智能、GE、联合动力、湘电风能。

2018 年，我国新增装机容量前五位的制造商有金风科技（670.72 万千瓦）、远景能源（418.05 万千瓦）、明阳智能（262.36 万千瓦）、联合动力（124.35 万千瓦）和上海电气（114.13 万千瓦）。

风电"走出去"取得新突破，遍及全球 34 个国家和地区，机组研发制造能力明显增强，机组功率不断加大。截至 2018 年，中国整机出口数量达到 1838 台，累计容量达 3581MW。

9.1.3 太阳能/风能的综合利用

风能和太阳能发电的发展对于中国的节能减排是有着重要意义的。近年来国家一直对风能和太阳能的发展给予大量政策和资金的支持，随着中国节能减排目标和产业化结构调整的进行，对于风能和太阳能等新能源的研究和应用将会有更多的政策支持，而国家和企业的资金也会更多地向这方面投入，因此风光互补发电必然有着良好的发展前景。

目前，全球还有大约 5 亿人口没有用上电，这些无电人口主要集中在偏远地区，各国政府一直在想办法解决他们的正常供电问题。这些无电人口主要集中的偏远地区，使用风光互补独立供电系统较为合理，因为现代电源服务尚不能达到的地方，往往蕴藏着丰富的风能和太阳能资源。风光互补独立供电系统为解决无电地区居民的电力供应问题，提供了一种清洁、环保、低成本的解决方案。

远离电网覆盖地区的农牧民定居点、通信基站、边防哨所、高速公路监控系统、森林防火监控系统以及野外科研场所等，都需要低成本、高可靠性的独立供电系统。为这些地区供电，需要架设大批电缆和供电设备，而且由于供电线路过长，非常不易于维护。风光互补供电系统为这些地区的供电提供了一种更为方便、成本更低、更易于维护的选择方案。同时由于风能和太阳能无污染、无辐射，不会对这些地区生态环境造成破坏。

风能和太阳能都是不确定性的能源，受到自然环境的制约。风能主要随季节变化，而且具有间歇性瞬时变化的特征；太阳能不但受制于季节变化，而且只能在白天使用。单独利用太阳能和风能都有很多弊端。而风能和太阳能在时间分布上有很强的互补性，这种互补性表现在两个方面：一是季节上互补，在中国冬天太阳能较弱，风能充足，夏天风能较弱，太阳能充足；二是白天夜晚互补，白天太阳能充足时风能较弱，到了晚上没有太阳能时，由于地表温差较大，风能就会较为充足。因此两种能源互补使用，比单独使用一种能源更为有效稳定，不但提高了能源利用率，而且能够降低成本，扩大系统的应用范围，提高产品的可靠性。风光互补独立供电系统将风能和太阳能互补使用，为用户提供清洁、环保的电能。在经济不发达的偏远地区，风光互补供电系统具有更广的应用前景与市场前景。

风/光发互补电系统

典型的风光互补独立供电系统包括风力发电机、太阳能板、蓄电池、直流负载、智能控制器，有些还包括交流负载和逆变器，其系统结构图如图 9-2 所示。

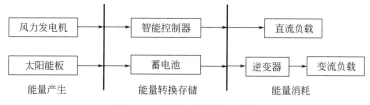

图 9-2　风光互补供电系统

风力发电机的功能是将风能转换为电能。太阳能电池阵列的功能是将太阳能转换为电能，控制器的功能是将风力发电机以及太阳能电池板输出的电能转换为稳定的电能供给负载，多余电能为蓄电池充电，风力发电机和太阳能电池板输出不足时控制蓄电池为负载供电，按照蓄电池的容量和负载的级别控制通断，同时监控整个系统的运转。蓄电池的功能是将系统供给负载后多余的电能以化学能的形式储存起来，在能量不足时将化学能转换为电能供给负载。负载的功能是消耗电能，满足用户需求。从能量角度来看，整个系统可以分为三个部分：能量产生环节，包括风力发电机和太阳能电池板；能量转换、存储环节，包括智能控制器和蓄电池；能量消耗环节，包括直流负载和交流负载。

9.1.4 柴油发电机组

(1) 柴油发电机组的特点和组成

① 柴油发电机组的特点 柴油发电机组是以柴油为原动力拖动同步发电机组发电的一种电源设备。在电网不及或电力不足的农村、小城镇以及边远地区，柴油发电机组可用作照明、广播电视、电影放映、医疗卫生、教学、农副产品加工机械、排灌机械以及乡镇企业生产等的电源设备；也可作为小型独立光伏电站的备用电源，为蓄电池补充充电，或在光伏电站发生故障的情况下代替光伏发电设备直接向负载供电。

柴油发电机组具有效率高、体积小、重量轻、启动及停机时间短、成套性好、建站速度快、操作使用方便、维护简单等优点；但也存在着电能成本高、消耗油料多、机组振动大、噪声大、操作人员工作条件差等缺点。

② 柴油发电机组的组成 柴油发电机组由柴油机、交流同步发电机、联轴器、散热器、底座、控制屏、燃油箱、蓄电池以及备件工具箱等组成。有的机组还装有消声器和外罩。为便于移动和在野外条件下使用，也可将柴油发电机组固定安装在汽车或拖车上，作为移动电站使用。柴油发电机组的组成如图 9-3 所示。

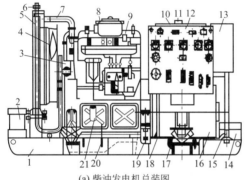
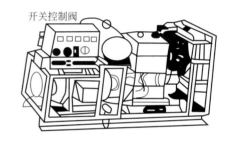

(a) 柴油发电机总装图   (b) 小型柴油机电站

1—底盘；2—蓄电池盒；3—水泵；4—风扇；5—水箱；6—加水口；
7—连接水管；8—空气滤清器；9—柴油机；10—柴油箱；11—柴油箱加油口；
12—控制屏；13—励磁调压器；14—备件箱；15—支架；16—同步发电机；
17—减振器；18—橡胶垫；19—支撑螺钉；20—游标尺；21—机油加油口

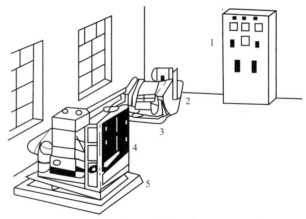

(c) 简易柴油发电机组

1—控制屏；2—同步发电机；3—发电机机座；4—柴油机；5—柴油机机座

图 9-3 柴油发电机组的组成

（2）柴油、机油及冷却水的选用

① 柴油的选用　柴油机的燃油可分为轻柴油和重柴油两类，轻柴油适用于高速柴油机，重柴油适用于中、低速柴油机。与柴油发电机组配合的柴油机转速较高，通常采用轻柴油。

轻柴油按其凝固点温度的不同，分为 10 号、0 号、－10 号、－20 号、－35 号 5 种牌号。牌号的数字表示凝固点的温度数字，例如－10 号轻柴油的凝固点为－10℃。0 号轻柴油适合于在我国各地夏季使用，即 4～9 月份使用，长江以南地区冬季也可使用；－10 号轻柴油适合于在长城以南地区的冬季和长江以南地区的严冬使用；－35 号轻柴油适合于在东北和西北地区的严冬使用。若机组安装在室内，应考虑冬季取暖这一特点来选择合适的轻柴油牌号。

重柴油按其凝固点温度的不同，分为 10 号、20 号、30 号 3 种牌号。通常，10 号重柴油适合于 500～1000r/min 的中速柴油机；20 号重柴油适合于 300～700r/min 的中速柴油机；30 号重柴油适合于 300 r/min 以下的低速柴油机。

柴油应储存在干净、封闭的容器内，使用前必须经过较长时间的沉淀，然后抽用上层的柴油。加油时应再经过滤网过滤。使用清洁的柴油，可避免供油系统的故障，并可延长喷油泵、喷油嘴的使用寿命。

② 机油（润滑油）的选用　根据环境温度的不同，RI 选用 HC-8 号、HC-11 号和 HC-14 号柴油机润滑油。不同油号的润滑油其黏度有差异，号数越大，油越稠。在低温环境下使用高黏度的润滑油，会引起柴油机运转滞重、启动困难、功率减少。在高温季节使用低黏度的润滑油，会降低润滑作用，影响柴油机的使用寿命。

环境温度高于 25℃时，可用 HC-14 号柴油机润滑油。

环境温度在 0～25℃时，可用 HC-11 号柴油机润滑油。

环境温度低于 0℃时，可用 HC-8 号柴油机润滑油。

润滑油必须清洁，使用前应经过过滤。盛放润滑油的桶或壶应经常清洗。

③ 冷却水的选用　冷却水的水质对柴油机的运行和使用寿命有很大的影响。水质不良，将引起气缸水套沉淀水垢，恶化气缸壁的导热性能，降低冷却效果，使柴油机受热不均，气缸壁温升过高，以致破裂。

一般应尽可能使用软水，如清洁的雨水和蒸馏水等。不要使用含有矿物质和盐类的硬水，如江水、河水、湖水，尤其不能直接使用井水和泉水。如果无软水，可对硬水进行软化处理后使用。简单的软化方法有以下几种。

● 将河水、湖水等除去杂草、泥沙等脏物，在干净无油质的容器中加热煮沸，待沉淀冷却后取上部清洁的水使用。

● 在 1kg 水中溶化 40g 氢氧化钠，然后加到 60kg 的硬水中，搅拌、过滤后使用。

● 在软化硬水的桶中放入一定数量的磷酸三钠，仔细搅拌，直到磷酸三钠完全溶解为止，待澄清 2～3h 后，再灌入柴油机水箱。

软化硬水时所需兑入的磷酸三钠的数量：每升软水（雨水、蒸馏水）为 0.5g，每升半硬水（江水、河水、湖水）为 1g；每升硬水（井水、泉水、海水）为 1.5～2g。

（3）柴油发电机组在高原地区使用时应注意的问题

由于高原地区自然条件的特殊性，使得柴油发电机组在这类地区使用时与在平原地区具有一些不同的特点，这就给柴油发电机组在性能和使用上带来了许多变化。

由于高原地区气压低、空气稀薄、含氧量少、环境温度低，自然进气的柴油发电机组常因进气不足而燃烧条件变差，致使柴油发电机组不能发出原定的标称功率。一般来说，柴油发电机组在高原地区使用时，海拔每升高 1000m，出力的降低为 10％左右。考虑到高原条件下着火延迟的倾向，为了提高机组的运行经济性，应适当调整通常使用的非增压型柴油发电机组的喷油提前角。

海拔的升高将导致柴油发电机组动力性下降、排气温度上升，因此在选用机组时应考虑其高原工作能力，以避免投入使用后超负荷运行。

近年的试验证明，在高原地区使用的柴油发电机组，可采用废气涡轮增压的方法作为高原功率下降的补偿。采用废气涡轮增压，不但可以适当弥补机组在高原条件下工作功率的下降，并且还可改善烟色、恢复动力性和降低燃油消耗率。

随着海拔的升高，高原地区的环境温度将比平原地区降低，一般海拔每升高 100m，环境温度下降 0.6℃左右，再加上高原地区空气稀薄，因而柴油发电机组的启动性能要比平原地区差。所以，在使用柴油发电机组时，应采取与低温启动相适应的辅助启动措施。

海拔的升高将导致水的沸点降低，使冷却空气的风压和质量减低，每千瓦功率单位时间内的散热量增加，因而使机组冷却系统的散热条件将比平原地区差。所以，一般在高海拔地区不宜使冷却液在其沸点下运行。

9.2 偏远地区用电负荷特点及事故性质

9.2.1 偏远地区的用电负荷特点

① 农村高寒地区用电负荷季节性强。如排灌、抗旱、收割等期间往往负荷很重，而冬季农闲时间负荷相对减少，只有居民照明用电，其他负荷接近空载状态。

② 负荷小而分散、负荷密度低。农村由于供电半径大，负荷不集中，远离城镇，配电变压器数量偏多，供电半径超过规定值，因此线损大、电压质量低。

③ 设备大马拉小车多，利用率及功率因数低。农村设备在使用上很大程度受农时支配，一年负荷使用率不均匀。又由于经济条件差，往往按现有大容量设备代用，一般设备利用率仅达 20％～30％，功率因数偏低，一般仅达 0.5 左右。

9.2.2 农村事故性质的分析

① 自然性的事故较多。农村地处偏远地方，自然条件恶劣，如风灾，由于树而引起的事故较多，易产生各种瞬间短路现象。

② 防雷措施及线路施工工艺质量差而引起事故。

③ 小动物引起瞬间事故，如鸟、鼠类在线路或电气设备上筑巢，不同相之间接触等引起事故。

9.2.3 常见变电所设计方案

(1) 全户外式

电气主接线以运行可靠、简单清晰、操作方便为原则并留有发展的余地。35kV 一路进线，单母线不分段，主变为两台，大容量变压器匹配为季节性用电的高峰负荷，小容量变压器匹配为农闲时的低谷负荷。一次侧采用隔离开关，与隔离开关相配合作保护的为新型

PRWG2 型熔断器，并带有自动电压调整器。10kV 出线通常考虑 6 回，其中电容器 1 回，各出线均选择具有自动功能，不需外加操作电源的重合器和分段器，每回出线设有隔离开关。其余还设有户外计量箱及其他保护设备，各种配合要经过计算调整合适，一般重合器为四次动作，即四次自动跳闸、三次合闸。每次事故，分段器能自动切除故障点，保证其他线路正常送电。有记忆合分闸次数功能，重合不成功即自动闭锁，重合成功经过一定时间记忆消失，恢复原始状态，重按预选程序动作，使运行着的变电所完全处在自动投切工作状态中，各种故障能迅速地消失在萌芽状态。无功补偿器安装在 10kV 母线上，取主变容量的 10%～15%，使高峰负荷时功率因数达到 0.9～0.98。取消了常规变电所的控制室及电容器室建设，减少了安装、维护工作量，节省了占地，是目前大力推荐的农村小型化变电所设计方案。

（2）半户外集控台式小型化变电所

变电所一次设备采用隔离开关和高压熔断器保护，设备均属户外式，采用平面或立体框架式布置。10kV 侧采用真空断路器，配有永磁操作机构。二次系统采用集成电路保护控制台（简称集控台），应用先进的微电子和集成电路技术，将控制、测量、保护的二次设备集中在控制台，实现了保护的小型化、集成化和二次回路弱电化，从而取代了常规变电所庞大的继电保护控制装置，其主保护为纵差动式电流速断保护、重瓦斯保护和定时限过电流保护，动作于跳闸；轻瓦斯保护、过负荷保护和超温保护作用于信号。10kV 线路保护电流速断和定时限过电流保护动作于跳闸，单相接地保护作用于信号。可远距离分合 10kV 开关，操作方便，可不出门进行巡检。

由于一次设备户外化、二次设备集控化，所以控制室的面积大为减小，大约有 $25m^2$ 就够了。农村偏远地区，农村变电所往往离居民点较远，提倡由个人或家庭承包小型化变电所的值班工作，只建民房，可减少运行值班人员，节省支出费用，减少运行事故，提高安全运行水平，有利于变电所运行管理。

其缺点是有人值班，运行费用高，控制线路复杂，并要求值班及维护人员有较高的无线电专业知识和基础，有局限性。

（3）箱式变电所

在箱式变电所中，主变压器、直配变或所用变、TV、TA 一般都采用干式，设备区域小而布置集中，越来越趋于简单化、占地小型化。由于一次系统是各种电气设备封闭在接地的金属箱内组成，断路器采用真空断路器及永磁操作机构，二次保护系统采用微机保护，具备遥控、遥信、遥测功能，所有元件集中在一个小盒，使二次接线简单明了，提高了保护的可靠性和准确性，使变电所运行水平达到了较高的智能化程度，操作简单，适用性强。可实行状态维修，减少维修工作量和维护运行费用，运行环境好，适用于污染严重地区。

但是箱式变电所的接地隔离开关与母线及线路隔离开关联动，开关柜是全封闭的，在外面既看不到明显的断开点，也不能进行验电、挂接地线，只能依靠其外部的标志确认断路器、隔离开关及接地隔离开关的合分状态，加之维护走廊的空间太狭小，使检修工作存在着不便和潜在的危险。

由于山区和偏远地区交通运输条件不好，箱式变电所超宽、超高，建设较困难，同时干式设备成本较高，从投资成本上讲，适用于城镇及郊区变电所，高寒偏远地区不宜建箱式变电所。

（4）塔式变电所

塔式变电所的主体结构采用全角钢或角钢与水泥杆相结合方式。整个变电所分为三层结构,最上层是与线路相连接的隔离开关或接地开关、线路避雷器,中间一层是户外智能柱上断路器、电压互感器、电容器,最下面一层是变压器与控制、通风箱,避雷针可直接装在塔口最上层。塔式变电所高压侧为隔离开关加熔断器组,主变低压侧选用柱上智能型真空断路器。变电所的操作电源采用直流高频开关电源,或性能优良、可靠性高的不间断电源。载波机与电源系统户外布置。柱上真空断路器以及与其相配套的自动化主控装置在户外柱上安装。采用双绞线通信,通信管理机、调制解调器置于一个户外密封的柜子内,当地只设监控接口,不设后台设备。控制保护系统功能使分布式微机综合自动化系统具备"四遥"功能。塔式变电所安装方式采取工厂预制与现场安装相结合的方式,柱上智能型真空断路器等设备在出厂时已调试好,现场安装简单。自动化系统功能类同于箱式变电所,维护检修量小,出线间隔扩展方便。塔式变电所可真正实现无人值守,很适用于山区及偏远地区运输困难场所。

9.3 国外新技术

(1) 以色列的太阳能气球

目前,世界各国正争相寻找可再生能源来替代化石能源,企业家们也努力想要在清洁能源市场分一杯羹。

世界上许多日照最为充足的地区都坐落于海洋或沙漠之中,以色列工学院的研发小组设

图 9-4 以色列的太阳能气球

计的太阳能气球就可以在这些偏远地区派上用场。以色列研究人员表示,他们研发出了一种太阳能气球发电器,在缺乏建立传统发电系统所需土地和基础设施的地区,漂浮在高空中的巨型太阳能气球,可提供一种廉价的发电方式,如图 9-4 所示。

太阳能气球的创意者皮尼·居尔费尔(PiniGurfil)表示:"我们的想法是要充分利用高度,这样不仅可以节省土地资源,而且可以用于难以使用其他发电方式的地区。"这种充氦的气球表面贴满薄太阳能电池板,悬停在高达数百米的空中,利用电缆与变频器相连,从而通过变频器电力转换为家庭用电。用电脑模拟和粗略的原型所做的初步研究表明,直径 3m 的气球的功率约为 1kW,与 $25m^2$ 的传统太阳能电池板的功率相当。

居尔费尔说,这些能量可供一般人使用一台洗衣机和烘干机。$25m^2$ 的传统太阳能电池板约需花费 10000 美元,而气球的目标成本不足 4000 美元,因为气球只需最低限度的结构支撑,所以这部分节省最多。

"气球没有碳的痕迹,对环境也就没有负面影响,"居尔费尔说,"氦是自然产生的气体,而且是环境友好型的。气球系统可以节省占用的土地,并且可以节省地面太阳能系统所用的玻璃、金属等资源。"

英国能源研究中心常务理事约翰·劳赫德表示,没有理由表明太阳能气球系统不能应用,如果地面已被用于其他用途,或者缺乏土地,或者气球系在海中的船舶上时,太阳能气球就显出它的优势。

（2）美国的迷你型核反应堆

利用美国新墨西哥的洛斯阿拉莫斯实验室科学家开发的技术，海普里昂工业公司正在制造一种迷你型核反应堆，如图9-5所示，将为偏远地区提供电力和热水。这种工棚大的迷你核电站的核反应堆将处于密封状态，不包含武器级原材料和活动部件，因整套装置将用混凝土包裹并埋在地下，别人很难找到，因此遭窃可能性小。

迷你核电站占地面积比普通花园小，核反应堆直径只有几米，可用卡车装载，每7～10年需要重新补充一次燃料。美国政府已经特许总部位于新墨西哥州的海普里昂工业公司生产这种核电站，造价

图9-5　美国迷你型核反应堆

大约为2500万～3000万美元。该公司首席执行官迪尔表示，这是非常人性化的核反应堆，专门为偏远地区的人们提供电力和热水。

核反应堆通常会产生热量。当核反应堆中的放射性元素铀自然衰变时，就会产生热量并释放出中子。如果这些中子击中其他铀原子，就会导致铀原子分裂，从而产生更多的热量和更多的中子。许多现代核电站都采用核子控制棒来控制核反应速度，当此控制棒插入核燃料时，就能减缓中子速度。但控制棒也可能失效，如果不进行及时修复，就会导致核反应堆过热。而海普里昂工业公司通过在铀原子中添加氢原子来取代传统的核子控制棒，以减缓核反应速度。

由于核燃料和缓和剂共存于一种平衡之下，因此不可能出现人们设想的那种快速的连锁反应，其实人们所做的就是将氢化铀变成电池。这是一种你不想触摸的电池，但它可以将地下核反应堆99%的核反应能量转移到地面上的密封混凝土容器中，用户将水管接上这个容器，便可将水煮沸消毒或产生蒸汽来驱动旁边的发电机。《核动力：祸首还是受害者》一书的作者美国威斯康星州-麦迪逊大学的核技术教授马克·卡帮表示：此迷你核反应堆的危险性最小，这是低浓缩铀，不是用于制造原子弹的那种铀，此核反应堆能为2万户家庭提供电力，其使用寿命至少8年，特别是对于那些没有或少有电站的地区更为有用。

9.4　中国对于偏远地区供电的相关政策

中国将利用太阳能发电解决偏远地区无电人口供电问题。

（1）太阳能发电

发挥太阳能光伏发电适宜分散供电的优势，在偏远地区推广使用光伏发电系统或建设小型光伏电站，解决无电人口的供电问题；在城市的建筑物和公共设施配套安装太阳能光伏发电装置，扩大城市可再生能源的利用量，并为太阳能光伏发电提供必要的市场规模。为促进我国太阳能发电技术的发展，做好太阳能技术的战略储备，要建设若干个太阳能光伏发电示范电站和太阳能热发电示范电站。到2020年，太阳能发电总容量将达到180万千瓦。建设重点如下。

① 采用户用光伏发电系统或建设小型光伏电站，解决偏远地区无电村和无电户的供电问题，重点地区是西藏、青海、内蒙古、新疆、宁夏、甘肃、云南等省、自治区。

建设太阳能光伏发电约 10 万千瓦，解决约 100 万户偏远地区农牧民生活用电问题。2020 年偏远农村地区光伏发电总容量将达到 30 万千瓦。

② 在经济较发达、现代化水平较高的大中城市，建设与建筑物一体化的屋顶太阳能并网光伏发电设施，首先在公益性建筑物上应用，然后逐渐推广到其他建筑物，同时在道路、公园、车站等公共设施照明中推广使用光伏电源。2020 年，全国将建成 2 万个屋顶光伏发电项目，总容量 100 万千瓦。

③ 建设较大规模的太阳能光伏电站和太阳能热发电电站。"十一五"时期，在甘肃敦煌和西藏拉萨（或阿里）建设了大型并网型太阳能光伏电站示范项目；在内蒙古、甘肃、新疆等地选择荒漠、戈壁、荒滩等空闲土地，建设了太阳能热发电示范项目。2020 年，全国太阳能光伏电站总容量将达到 20 万千瓦，太阳能热发电总容量将达到 20 万千瓦。

另外，光伏发电在通讯、气象、长距离管线、铁路、公路等领域有良好的应用前景，预计到 2020 年，这些商业领域的光伏应用将累计达到 10 万千瓦。

（2）太阳能热利用

在城市推广普及太阳能一体化建筑、太阳能集中供热水工程，并建设太阳能采暖和制冷示范工程。在农村和小城镇推广户用太阳能热水器、太阳房和太阳灶。2020 年，全国太阳能热水器总集热面积将达到约 3 亿平方米，加上其他太阳能热利用，年替代能源量将达到 6000 万吨标准煤。

9.5 中国偏远地区供电案例

案例 1

中德财政合作"西部光伏村落电站"项目于 2001 年正式启动，最先列入项目的是新疆维吾尔自治区和云南省，其后又扩展到青海省和甘肃省。目前已经签约落实的项目总投资规模为 3.64 亿元，包括德方无偿援助的 2600 万欧元和中方配套的 1.04 亿元。总共可建设光伏或光柴互补村落电站约 210 个，解决约 1 万户农牧民家庭及学校、卫生所等公益设施的基本用电需求，受益人口 4 万多人。已经落实的 4 个省项目情况见表 9-1。目前已有 62 座电站通过验收开始运行。村落光伏电站外貌如图 9-6 所示。

表 9-1　中德财政合作"西部光伏村落电站"项目计划和投资情况表

省份	一期		二期		方援助/万欧元	中方配套/万元	合计/万元
	电站数/个	户数/户	电站数/个	户数/户			
新疆	9	618	26	1920	500	2500	7500
云南	17	470	35	1389	500	2500	7500
青海	12	560	53	2545	800	2700	10700
甘肃	25	803	待定	待定	800	2700	10700
合计	63	2451	待定	待定	2600	10400	36400

中德财政合作项目已建设村落独立电力系统采用的是"交流总线"结构，系统由光伏阵列、并网逆变器 Sunny Boy、具有整流充电及逆变功能的双向逆变器 Sunny Island、储能蓄

图 9-6 村落光伏电站外貌

电池、数据采集与控制系统 Sunny Boy Control、交流配电柜及村落电网等组成，有的容量较大的系统还配置有柴油发电机。双向逆变器 Sunny Island 是电站供电系统的中心控制部分，它将直流电转化为交流电向负载供电，为蓄电池充电，与并网逆变器 Sunny Boy 连接向电网馈电，还可以启动柴油发电机供电或给蓄电池充电。Sunny Boy、Sunny Island 及 Sunny Boy Control 均为智能化设备，可根据系统容量及负载用电需要，多台设备并联组合，建设成单相或三相供电系统。村落光伏电路构成示意图如图 9-7 所示。

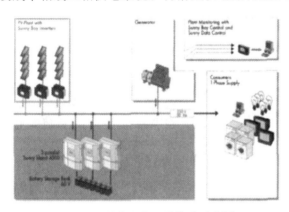

图 9-7 村落光伏电站构成示意图

新疆村落光伏电站的系统容量较大，采用三相线路供电，配备有柴油发电机。云南的村落电站大部分是单相供电，少数是由柴油发电机的三相线路供电。甘肃的村落电站大部分是由柴油发电机的三相线路供电，少数是没有配置柴油发电机的单相供电。青海的村落电站全部由柴油发电机单相供电，即使容量较小的系统，也配置可移动式柴油发电机，作为后备电源给蓄电池充电。在村落光伏电站的设计中，太阳能发电用于提供用户生活所需的基本电量，其中每户约 150~200W。在西部 4 省已建成的一期电站中，平均每个电站 39 户，每户平均光伏组件功率 161W。当村落户数多于 30 户时，将安装柴油发电机作为后备电源。储能蓄电池组容量设计为可以满足持续 3 天供电的电量存储。在村庄内建设小型电网，连接一定范围内的终端用户，原则上最远用户与电站的距离不应超过 1km。

中德财政合作项目村落光伏电站均由受过培训的当地机手进行管理。电站的系统效率不仅取决于设备性能，在很大程度上也取决于电站的管理水平。根据太阳能发电的特点，合理分配用户的用电时间和用电功率水平，可以更有效地利用电站所发出的电能，提高电站的系统效率，也可以在一定程度上缓解部分村落供电不足的矛盾。

案例 2

西藏是中国大风（17m/s）比较多的地区之一，大风的持续时间长，基本和冬春干季吻合，风能资源丰富。西藏境内主要有两条主风带：一条位于藏北高原地区，大致沿那曲—阿里公路一段，另一条在喜马拉雅山脉之间的山谷地带东段。区内年有效风能密度与年有效风力小时数分布大体相同，藏北高原是全藏风力最大地区，大致范围：东到安多，西抵达阿里地区北部，南抵冈底斯山和念青唐古拉山北部，年均有效风能密度为 $130 \sim 200W/m^2$，有效风力时数在 4000 小时以上；其次为喜马拉雅山脉地区，年均有效风力时数在 $3500 \sim 4000$ 小时。据推测，西藏年风能储量 93 亿千瓦时，居全国第七位。西藏的风能具有大风持续时间长、分布范围广的特点。除藏东南地区风能资源较贫乏外，大部分地区属风能较丰富地区和可利用区。高原地区的年平均大风日多达 $100 \sim 150$ 天，最多可达 200 天，比同纬度中国东部地区（$5 \sim 25$ 天）多 $4 \sim 3$ 倍。

西藏风能利用起步较早，1982 年 4 月，那曲地区科委就从内蒙古商都牧机厂引进了第一台 FD-4 型 2kW 风力发电机，到 1983 年，那曲地区共引进 35 台。1984 年初，那曲地区从山西太原购买了 100 台 FD2-100W 风力发电机，分别组装在当时那曲县的红旗公社和德吉公社，建成了两个风力发电示范村。1984 年，国家投资 232 万元，在那曲修建了 3 座建筑面积为 $1146.5m^2$ 的风能试验站。同时，其他地区也在根据自身情况积极推进风力发电技术，日喀则地区 1986 年从内蒙古等地引进 72 台风力发电机；山南地区措美县于 1985 年从河南省引进 102 台风力发电机；阿里地区于 1990 年引进 10 台风力发电机，折合 24.6kW，除 2 台 7.5kW 风力发电机因缺少技术管理人员报废外，其余 8 台两种类型的风力发电机运行较好；西藏自治区于"九五"期间在那曲地区纳色乡（现为扎仁镇）建成 4kW 风/光互补电站并投入运行；2002 年西藏实施"送电到乡"工程，在那曲共建造 10 座风光互补电站，到目前运行状况良好。目前，$100 \sim 1000W$ 风力发电系统技术成熟，与太阳能互补发电在那曲地区应用较多。

西藏桑日县与中国广州核电投资有限公司、中国电力投资集团公司和京东方能源科技有限公司达成初步合作意向，3 家公司计划投入资金共计 7 亿余元，建设装机容量达 30MW 的太阳能发电企业，占"十二五"期间国家批准西藏自治区太阳能发电项目 30% 的指标。该项目建成后每年可为桑日县增加上千万元的税收，为加强西藏的生态能源建设做出突出贡献。目前，该县正积极配合 3 家企业做好光伏电站项目前期准备工作，力争通过政府与企业共同努力，把桑日县打造成中国西部地区太阳能产业开发基地。

案例 3

内蒙古四子王旗江岸开发区 50kW 光伏风能混合电站有风机、太阳能阵列和 5 串 110 只 GMFU 2V 1000A·h VRLA 电池组成的电池组。电池组充电终止电压为 252V，放电终止电压为 204V。在用电高峰时段（18:00～22:00），风机的电力不足以供应负载，电池提供电力予以补充。在风机或光伏阵列的电力过剩时给电池充电。电池的放电深度为 5%。为了减少光伏系统中电池出现硫酸盐化问题，设计光伏阵列的输出功率应考虑到阴雨天气，以保证电池能充足电。定期对电池进行均衡充电是很有必要的。

　　江岸光伏风能混合电站于 2002 年 7 月安装，2002 年 12 月投入运行。2003 年 9 月回访，电池每天 24 小时不均衡供电，电池日放电深度为 2%。光伏风能混合电站工作参数如表 9-2 和图 9-8 所示。图 9-9 为江岸光伏风能混合电站。

表 9-2　江岸光伏风能混合电站工作参数

时间	风轮机输出/kW	太阳能阵列输出/kW	输出和/kW	电池平均电压 U_{pcN}	负载/kW
7:00	0.57		0.57	2.056	3.84
8:00	0.55		0.55	2.047	6.52
9:00	2.60	2.34	4.94	2.048	7.39
10:00	5.47	1.43	6.90	2.060	6.70
11:00	6.01	1.56	7.57	2.086	6.88
12:00	9.40	1.56	10.96	2.109	4.54
13:00	6.90	3.64	10.54	2.132	3.94
14:00	8.53	4.29	12.82	2.135	4.37
15:00	8.06	2.99	11.05	2.131	3.94
16:00	7.61	9.23	16.84	2.161	3.94
17:00	7.28	1.56	8.84	2.109	6.60
18:00	7.50		7.50	2.106	5.87
19:00	1.75		1.75	2.045	13.60
20:00	3.25		3.25	2.036	15.10
21:00	7.00		7.00	2.034	15.16
22:00	7.65		7.65	2.039	10.60
23:00	7.30		7.30	2.086	2.55
24:00	3.45		3.45	2.071	1.76

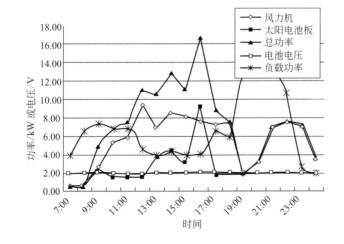

图 9-8　江岸光伏风能混合电站工作参数

图 9-9　江岸光伏风能混合电站太阳能阵列、风机与蓄电池组

习题 9

1. 试述太阳能发电、风能发电以及风光互补系统各自的特点和差别，优缺点是什么？

2. 试述风光互补系统的结构与柴油发电系统的结构利弊。

3. 根据案例分析我国偏远地区供电方案设计。

4. 目前我国偏远地区供电项目有哪些？有何特色？

5. 试述目前国外偏远地区供电方法种类和最新技术发展方向。

6. 描述偏远地区供电设备对生态环境的影响以及和谐共存的方法。

光伏并网系统

学习目标

1. 了解建筑中使用光伏系统有何优势。
2. 掌握并网光伏系统的主要内容及其安装方式。

学习任务

1. 分析太阳能利用的经济性。
2. 以一个太阳能电池最大功率跟踪系统为例，采用硬件电路和软件实现来分析太阳能电池应用系统的经济性能及其产生的效果。

思政课堂

　　培养整合思维，通过不同产业的有效结合，以实现更大的效益。"渔光互补"光伏发电综合利用示范项目，将光伏与渔业、农业高效有机结合，建设光伏科技展示馆，延伸并发展光伏服务和光伏旅游，是集光伏发电、农业种植、渔业养殖、旅游观光于一体的生态旅游农业光伏示范基地。

案例引学

"渔光互补"助推
乡村振兴

引导问题

　　1. 国际光伏并网系统发展现状如何？国内光伏并网系统发展现状如何？
　　2. 并网光伏系统是由哪些部分组成的？它们的功能是什么？如何安装光伏电池片？
　　3. 如何选择并网光伏系统的内部存储器？有哪些存储方法和优缺点？
　　4. 太阳能电池互连中应注意哪些事项？设计需注意哪些问题？什么是孤岛效应？
　　5. 控制孤岛效应有哪两种基本方法？从不同方面讨论光伏发电的价值是什么？

10.1 光伏并网系统现状

光伏并网发电可以通过两种模式来实现，将太阳能板安置于用户终端（如安装在民居屋顶）或者是集中建设大型光伏发电站。下面主要介绍光伏并网连接的相关技术、商业前景以及世界各国政府正在实施与运行的项目。

从2000年开始，并网光伏发电系统取代了独立光伏系统，成为全球光伏应用的最大市场，如图10-1所示。尽管独立光伏系统的使用在世界上仍占主导地位，但就全球范围来看，已经建立了数个超大规模的并网发电系统，其中包括在德国巴伐利亚的Hemau和萨克森的Espenhain附近建设的两个4~5MWp级光伏电站，而葡萄牙正筹划在Moura建设一座发电能力达64MWp的电站。如今，澳大利亚最大的一座是位于新南威尔士州Singleton的400kWp光伏电站，于1998年投入使用（SEDA，2004），每年可以提供550MW·h电力。澳大利亚面积最大的屋顶太阳能电池组则建在墨尔本市维多利亚皇后大商场顶层。这个建成于2003年的系统，使用1328块组件，每块组件面积有$1.59 \times 0.79 m^2$，同时还专门安装了一块显示输出功率的大屏幕，以作为公众展示（City of Melbourne，2004）。这个系统的最大额定功率是200kW，每年供电达到252MW·h。

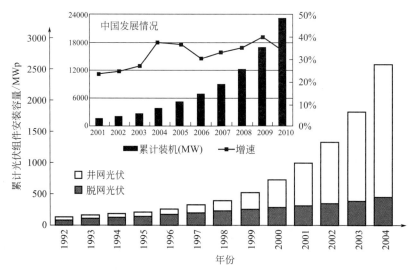

图10-1 国际能源机构（光伏能源系统计划）团员国历史累计光伏组件安装容量

10.2 光伏电站接入电网技术规定

10.2.1 术语和定义

（1）光伏电站 photovoltaic（PV）power station
包含所有变压器、逆变器（单台或多台）、相关的BOS（平衡系统部件）和太阳能电池方阵在内的发电系统。

（2）峰瓦 watts peak
指太阳能电池组件方阵在标准测试条件下的额定最大输出功率［标准测试条件为（25＋2）℃，用标准太阳能电池测量的光源辐照度为$1000W/m^2$并具有AM1.5标准的太阳光谱辐照度分布]。

(3) 并网光伏电站 grid-connected PV power station

接入公用电网（输电网或配电网）运行的光伏电站。

(4) 逆变器 inverter

光伏电站内将直流电变换成交流电的设备。用于将电能变换成适合于电网使用的一种或多种形式的电能的电气设备。最大功率跟踪控制器、逆变器和控制器均可属于逆变器的一部分。

(5) 公共连接点 point of common coupling（PCC）

电力系统中一个以上用户的连接处。

(6) 并网点 point of interconnection（POC）

对于通过升压变压器接入公共电网的光伏电站，指与电网直接连接的升压变高压侧母线。对于不通过变压器直接接入公共电网的光伏电站，指光伏电站的输出汇总点，并网点也称为接入点（point of integration）。

(7) 孤岛现象 islanding

电网失压时，光伏电站仍保持对失压电网中的某一部分线路继续供电的状态。孤岛现象可分为非计划性孤岛现象和计划性孤岛现象。

① 非计划性孤岛现象 unintentional islanding 非计划、不受控地发生孤岛现象。非计划性孤岛现象发生时，由于系统供电状态未知，将造成以下不利影响：可能危及电网线路维护人员和用户的生命安全；干扰电网的正常合闸；电网不能控制孤岛中的电压和频率，从而损坏配电设备和用户设备。

② 计划性孤岛现象 intentional islanding 按预先配置的控制策略，有计划地发生孤岛现象。

(8) 防孤岛 anti-islanding

禁止非计划性孤岛现象的发生。

(9) 功率因数 power factor

由发电站输出总有功功率与总无功功率计算而得的参数。功率因数（PF）计算公式为：

$$PF = \frac{P_{out}}{\sqrt{P_{out}^2 + Q_{out}^2}}$$

式中　　P_{out}——电站输出总有功功率；

　　　　Q_{out}——电站输出总无功功率。

10.2.2　电站分类原则

综合考虑不同电压等级电网的输配电容量、电能质量等技术要求，根据光伏电站接入电网的电压等级，可分为小型、中型或大型光伏电站。

小型光伏电站——接入电压等级为 0.4kV 低压电网的光伏电站。

中型光伏电站——接入电压等级为 10～35kV 电网的光伏电站。

大型光伏电站——接入电压等级为 66kV 及以上电网的光伏电站。

小型光伏电站的装机容量一般不超过 200kWp。

根据是否允许通过公共连接点向公用电网送电，可分为可逆和不可逆的接入方式。

10.2.3　并网电能质量要求

(1) 一般性要求

光伏电站向当地交流负载提供电能和向电网发送电能的质量，在谐波、电压偏差、电压不平衡度、直流分量、电压波动和闪变等方面应满足国家相关标准。光伏电站应该在并网点装设满足 IEC 61000-4-30《电磁兼容第 4-30 部分试验和测量技术——电能质量》标准要求的 A 类电能质量在线检测装置。对于大型或中型光伏电站，电能质量数据应能够远程传送到电网企业，保证电网企业对电能质量的监控。对于小型光伏电站，电能质量数据应具备一年及以上的存储能力，必要时供电网企业调用。

（2）谐波和波形畸变

光伏电站接入电网后，公共连接点的谐波电压应满足 GB/T 14549—1993《电能质量公用电网谐波》的规定，如表 10-1 所示。

学习笔记

表 10-1   公用电网谐波电压限值

电网标称电压/kV	电压总畸变率/%	各次谐波电压含有率/%	
		奇次	偶次
0.38	5.0	4.0	2.0
6	4	3.2	1.6
10			
35	3	2.1	1.2
66			
110	2	1.6	0.8

光伏电站接入电网，公共连接点处的总谐波电流分量（方均根）应满足 GB/T 14549—1993《电能质量公用电网谐波》的规定，应不超过表 10-2 中规定的允许值，其中光伏电站向电网注入的谐波电流允许值，按此光伏电站安装容量与其公共连接点的供电设备容量之比进行分配。

表 10-2   注入公共连接点的谐波电流允许值

标称电压/kV	基准短路容量/MV·A	谐波次数及谐波电流允许值/A											
		2	3	4	5	6	7	8	9	10	11	12	13
0.38	10	78	62	39	62	26	44	19	21	16	28	13	24
6	100	43	34	21	34	14	21	11	11	8.5	16	7.1	13
10	100	26	20	13	20	8.5	15	6.4	6.8	5.1	9.3	4.3	7.9
35	250	15	12	7.7	12	5.1	8.8	3.8	4.1	3.1	5.6	2.6	4.7
66	300	16	13	8.1	13	5.1	9.3	4.1	4.3	3.3	5.9	2.7	5
110	750	12	9.6	6	9.6	4	6.8	6	3.2	2.4	4.3	2	3.7

标称电压/kV	基准短路容量/MV·A	谐波次数及谐波电流允许值/A											
		14	15	16	17	18	19	20	21	22	23	24	25
0.38	10	11	12	9.7	18	8.6	16	7.8	8.9	7.1	14	6.5	12
6	100	6.1	6.8	5.3	10	4.7	9	4.3	4.9	3.9	7.4	3.6	6.8
10	100	3.7	4.1	3.2	6	2.8	5.4	2.6	2.9	2.3	4.5	2.1	4.1
35	250	2.2	2.5	1.9	3.6	1.7	3.2	1.5	1.8	1.4	2.7	1.3	2.5
66	300	2.3	2.6	2	3.8	1.8	3.4	1.6	1.9	1.5	2.8	1.4	2.6

（3）电压偏差

光伏电站接入电网后，公共连接点的电压偏差应满足 GB/T 12325—2008《电能质量供电电压偏差》的规定，即 35kV 及以上公共连接点电压正、负偏差的绝对值之和不超过标称电压的 10%。20kV 及以上三相公共连接点电压偏差为标称电压的 ±7%。

（4）电压波动和闪变

光伏电站接入电网后，公共连接点处的电压波动和闪变应满足 GB/T 12326—2008《电能质量电压波动和闪变》的规定。光伏电站单独引起公共连接点处的电压变动限值与变动频度、电压等级有关，见表 10-3。

表 10-3　电压变动限值

r/h^{-1}	$d/\%$	
	LV,MV	HV
$r\leqslant1$	4	3
$1<r\leqslant10$	3	2.5
$10<r\leqslant100$	2^{*}	1.5^{*}
$100<r\leqslant1000$	1.25	1

注：1. 很少的变动频度 r（每日少于 1 次），电压变动限值 d 还可以放宽，但不在本标准中规定。

2. 对于随机性不规则的电压波动，依 95% 概率大值衡量，表中标有"*"的值为其限值。

3. 本标准中系统标称电压 U_{N} 等级按以下划分：

低压（LV）　　　　　$U_{\text{N}}\leqslant1\text{kV}$

中压（MV）　　　　　$1\text{kV}<U_{\text{N}}\leqslant35\text{kV}$

高压（HV）　　　　　$35\text{kV}<U_{\text{N}}\leqslant220\text{kV}$

学习笔记

光伏电站接入电网后，公共连接点短时间闪变 P_{st} 和长时间闪变 P_{lt} 应满足表 10-4 所列的限值。

表 10-4　各级电压下的闪变限值

系统电压等级	LV	MV	HV
P_{st}	1.0	0.9(1.0)	0.8
P_{lt}	0.8	0.7(0.8)	0.6

注：1. 本标准中 P_{st} 和 P_{lt} 每次测量周期分别取为 10min 和 2h。

2. MV 括号中的值仅适用于 PCC 连接的所有用户为同电压级的场合。

光伏电站在公共连接点单独引起的电压闪变值应根据光伏电站安装容量占供电容量的比例以及系统电压，按照 GB/T 12326—2008《电能质量电压波动和闪变》的规定分别按三级做不同的处理。

（5）电压不平衡度

光伏电站接入电网，公共连接点的三相电压不平衡度应不超过 GB/T 15543—2008《电能质量三相电压不平衡》规定的限值，公共连接点的负序电压不平衡度应不超过 2%，短时不得超过 4%；其中由光伏电站引起的负序电压不平衡度应不超过 1.3%，短时不超过 2.6%。

（6）直流分量

光伏电站并网运行时，向电网馈送的直流电流分量不应超过其交流额定值的 0.5%。对于不经变压器直接接入电网的光伏电站，因逆变器效率等特殊因素可放宽至 1%。

10.2.4 功率控制和电压调节

(1) 有功功率控制

大型和中型光伏电站应具有有功功率调节能力，并能根据电网调度部分指令控制其有功功率输出。为了实现对光伏电站有功功率的控制，光伏电站需要安装有功功率控制系统，能够接收并自动执行电网调度部门远方发送的有功出力控制信号，根据电网频率值、电网调度部门指令等信号自动调节电站的有功功率输出，确保光伏电站最大输出功率及功率变化率不超过电网调度部门的给定值，以便在电网故障和特殊运行方式时保证电力系统稳定性。

大型和中型光伏电站应具有限制输出功率变化率的能力，但可以接受因太阳光辐照度快速减少引起的光伏电站输出功率下降速度超过最大变化率的情况。

(2) 电压/无功调节

大型和中型光伏电站参与电网电压调节的方式包括调节光伏电站的无功功率、调节无功补偿设备投入量以及调整光伏电站升压变压器的变比等。在进行接入系统方案设计时，应重点研究其无功补偿类型、容量以及控制策略等。

大型和中型光伏电站的功率因数应能够在 0.98（超前）～0.98（滞后）范围内连续可调，有特殊要求时，可以与电网企业协商确定。在其无功输出范围内，大型和中型光伏电站应具备根据并网点电压水平调节无功输出、参与电网电压调节的能力，其调节方式、参考电压、电压调差率等参数应可由电网调度机构远程设定。

小型光伏电站输出有功功率大于其额定功率的 50% 时，功率因数应不小于 0.98（超前或滞后），输出有功功率在 20%～50% 之间时，功率因数应不小于 0.95（超前或滞后）。对于具体的工程项目，必要时应根据实际电网进行论证计算，确定光伏电站合理的功率因数控制范围。

(3) 启动

大型和中型光伏电站启动时需要考虑光伏电站的当前状态、来自电网调度机构的指令和本地测量的信号。光伏电站启动时应确保输出的有功功率变化不超过所设定的最大功率变化率。

(4) 停机

除发生电气故障或接受到来自于电网调度机构的指令以外，光伏电站同时切除的功率应在电网允许的最大功率变化率范围内。

10.2.5 电网异常时的响应特性

(1) 电压异常时的响应特性

为了使当地交流负载正常工作，小型光伏电站输出电压应与电网相匹配。正常运行时，小型光伏电站在并网点处的电压允许偏差应符合 GB/T 12325—2008《电能质量供电电压允许偏差》的规定。对于小型光伏电站，当并网点处电压超出表 10-5 规定的电压范围时，应停止向电网线路送电。此要求适用于多相系统中的任何一相。

大型和中性光伏电站应具备一定的耐受电压异常的能力，避免在电网电压异常时脱离，引起电网电源的损失。当并网点电压在图 10-2 中电压轮廓线及以上的区域内时，光伏电站必须保证不间断并网运行；并网点电压在图中电压轮廓线以下时，允许光伏电站停止向电网线路送电。

表 10-5 小型光伏发电站在电网电压异常时的响应要求

并网点电压	最大分闸时间
$U < 0.5\% U_N$	0.1s
$0.5\% U_N \leqslant U < 85\% U_N$	2.0s
$85\% U_N \leqslant U \leqslant 110\% U_N$	连续运行
$110\% U_N < U < 135\% U_N$	2.0s
$135\% U_N \leqslant U$	0.05s

注:1. U_N 为光伏电站并网点的电网额定电压。

2. 最大分闸时间是指异常状态发生到逆变器停止向电网送电的时间。主控与监测电路应切实保持与电网的连接,从而继续监视电网的状态,使得"恢复并网"功能有效。主控与监测的定义参见 GB/T 18479—2001《地面用光伏(PV)发电系统概述和导则》。

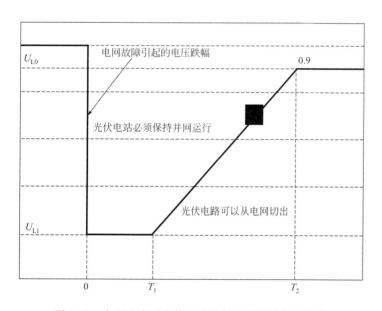

图 10-2 大型和中型光伏电站的低电压耐受能力要求

图 10-2 中,U_{L0} 为正常运行的最低电压限值,一般取 0.9 倍额定电压。U_{L1} 为需要耐受的电压下限,T_1 为电压跌落到 U_{L1} 时需要保持并网的时间,T_2 为电压跌落到 U_{L0} 时需要保持并网的时间。U_{L1}、T_1、T_2 数值的确定需考虑保护和重合闸动作时间等实际情况。推荐 U_{L1} 设定为 0.2 倍额定电压,T_1 设定为 1s,T_2 设定为 3s。

(2) 频率异常时的响应特性

光伏电站并网时应与电网同步运行。

对于小型光伏电站,当并网点频率超过 49.5~50.2Hz 范围时,应在 0.2s 内停止向电网线路送电。如果在指定的时间内频率恢复到正常的电网持续运行状态,则无需停止送电。大型和中型光伏电站应具备一定的耐受系统频率异常的能力,应能够在表 10-6 所示电网频率偏离下运行。

表 10-6　大型和中型光伏电站在电网频率异常时的运行时间要求

频率范围	运行要求
低于 48Hz	根据光伏电站逆变器允许运行的最低频率或电网要求而定
48～49.5Hz	每次低于 49.5Hz 时要求至少能运行 10min
49.5～50.2Hz	连续运行
50.2～50.5Hz	每次频率高于 50.2Hz 时,光伏电站应具备能够连续运行 2min 的能力,但同时具备 0.2s 内停止向电网线路送电的能力,实际运行时间由电网调度机构决定,此时不允许处于停运状态的光伏电站并网
高于 50.5Hz	在 0.2s 内停止向电网线路送电,且不允许处于停运状态的光伏电站并网

10.2.6　安全与保护

光伏电站或电网异常、故障时,为保证设备和人身安全,应具有相应的继电保护功能,保证电网和光伏设备的安全运行,确保维修人员和公众人身安全。光伏电站的保护应符合可靠性、选择性、灵敏性和速动性的要求。光伏电站必须在逆变器输出汇总点设置易于操作、可闭锁且具有明显断开点的并网总断路器,以确保电力设施检修维护人员的人身安全。

(1) 过流与短路保护

光伏电站需具备一定的过电流能力,在 120% 额定电流以下,光伏电站连续可靠工作时间应不小于 1min;在 120%～150% 额定电流内,光伏电站连续可靠工作时间应不小于 10s。当检测到电网侧发生短路时,光伏电站向电网输出的短路电流应不大于额定电流的 150%。

(2) 防孤岛

光伏电站必须具备快速监测孤岛且立即断开与电网连接的能力,其防孤岛保护应与电网侧线路保护相配合。

光伏电站的防孤岛保护必须同时具备主动式和被动式两种,应设置至少各一种主动和被动防孤岛保护。主动防孤岛保护方式主要有频率偏离、有功功率变动、无功功率变动、电流脉冲注入引起阻抗变动等。被动防孤岛保护方式主要有电压相位跳动、3 次电压谐波变动、频率变化率等。

(3) 逆功率保护

当光伏电站设计为不可逆并网方式时,应配置逆向功率保护设备。当检测到逆向电流超过额定输出的 5% 时,光伏电站应在 0.5～2s 内停止向电网线路送电。

(4) 恢复并网

系统发生扰动后,在电网电压和频率恢复正常范围之前光伏电站不允许并网,且在系统电压频率恢复正常后,光伏电站需要经过一个可调的延时时间后才能重新并网。这个延时一般为 20s～5min,取决于当地条件。

10.2.7　通用技术条件

(1) 防雷和接地

光伏电站和并网点设备的防雷和接地,应符合 SJ/T 11127《光伏(PV)发电系统过电压保护——导则》中的规定,不得与市电配电网公用接地装置。

光伏电站并网点设备应按照 IEC 60364-7-712《建筑物电气装置第 7-712 部分:特殊装置或场所的要求太阳光伏(PV)发电系统》的要求接地/接保护线。

（2）电磁兼容

光伏电站应具有适当的抗电磁干扰的能力，应保证信号传输不受电磁干扰，执行部件不发生误动作。同时，设备本身产生的电磁干扰不应超过相关设备标准。

（3）耐压要求

光伏电站的设备必须满足相应电压等级的电气设备耐压标准。

（4）抗干扰要求

当并网点的闪变值满足 GB 12326—2008《电能质量电压波动和闪变》、谐波值满足 GB/T 14549—1993《电能质量公用电网谐波》、三相电压不平衡度满足 GB/T 15543—2008《电能质量三相电压不平衡》的规定时，光伏电站应能正常运行。

（5）安全标识

对于小型光伏电站，连接光伏电站的专用低压开关柜应有醒目标识。标识应标明"警告""双电源"等提示性文字和符号。标识的形状、颜色、尺寸和高度参照 GB 2894《安全标志（neqISO 3864：1984）》和 GB 16179《安全标识使用导则》执行。

10.3　光伏系统在建筑上的应用

在建筑中使用光伏系统有许多优势。

① 一般建筑应用：可以当作屋顶、墙壁、窗户、天窗或遮阳板并提供电能。

② 电力需求调控：可以在白天作为用电高峰期的电力补充。

③ 室温控制：可以直接驱动电扇、泵和换气孔等。

④ 混合供电系统：作为照明、热泵、空调或应急供电设备的备用能源系统。

图 10-3 描绘了一套并网发电的房屋内的集成光伏系统。其中：1 为遮阳棚的太阳能板，使太阳能转化为 DC 直流电源；2 为完整的屋顶太阳能板，及时地将太阳能转化为 DC 直流电源；3 为逆变器，将 DC 直流电源转化为 AC 正弦交流电源供室内使用；4 为电力分线盒，把太阳能电能和有用的能量分配到房子的用电单元；5 为当太阳能所发电能超过了用电负荷

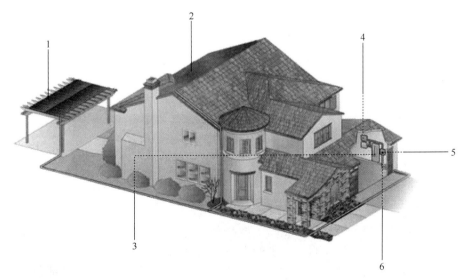

图 10-3　集成太阳能系统的并网民宅

的时候，可通过电表向市电供电；6 为当需求负载大于太阳能发电的时候，可以自动地切换使用市电。

在美国，建筑光伏用电已经占到光伏发电总量的 2/3。因此，具备以上功能的产品拥有非常广阔的市场前景。

现在市场上已经出现了相当多的建筑光伏一体化产品，尤其是专为屋顶、遮光板和前庭设计的光伏建材。对于这些系统布局的安全问题将在后面详细讨论。如今，多数用户仍然是将太阳能板安装在屋顶上，以便更好地收集光能。对于一般的家庭应用来说，典型光伏系统的主要组成部分包括光伏组件（即太阳能板）、并网交互逆变器（保证系统输电与电网的兼容性）和电表（用以记录和反馈系统与电网之间的能量交换），参见图 10-4 和图 10-5。

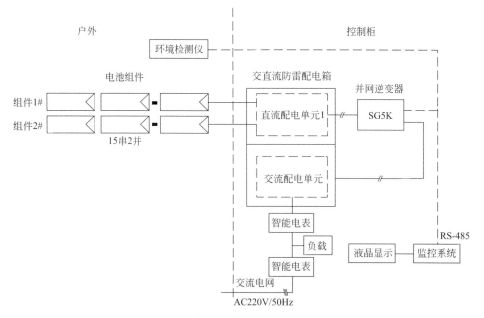

图 10-4　太阳能并网发电系统结构图

图 10-5　太阳能并网发电系统

10.3.1 屋顶太阳能板的安装

对于家用系统来说，光伏组件可以安装在房屋附近任何未被建筑或树木遮挡的位置。一般情况下，将太阳能板安置在房屋屋顶上是最为合理、美观、安全，也是最经济实惠的方案。图 10-6 介绍了一些屋顶光伏系统的布局设计。

新建房屋一般会选择图 10-6 中的集成安装方案，直接用太阳能板替代传统的屋顶建材，使安装更为简易，布局也更加整齐美观。塔架式和支座式一般用在房屋翻新的时候，虽然这两种方式的成本比集成式安装要高，不过能够保证组件周围有更好的空气流通，而且可以自由选择最理想的倾斜角度。直接安装式则是将太阳能电池简单地固定在屋顶上，这样妨碍了组件背面的空气流通，容易遇到散热问题。

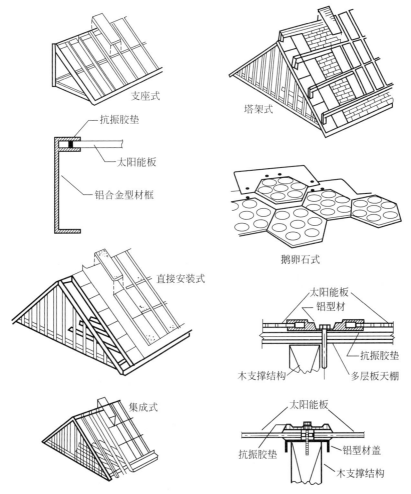

图 10-6 屋顶安装太阳能板的常见方法

10.3.2 并网逆变器

作为一个独立的光伏系统，其直流发电电压比较低，因此功率调节装置，也就是逆变器，是绝对不可或缺的。

在并网系统中主要使用两种类型的逆变器来实现交流发电。

① 线路整流 可以用电网中的信号作为同步的基准。

② 自整流 通过逆变器内部电路结构确定信号波形，然后输入电网。

也可以根据产品的应用对其分类。

① 中央逆变器 用来对额定功率在 $20\sim400\text{kWp}$ 范围内的大型光伏系统的输出进行整流。现阶段的主流产品具有自整流设计，通过双极性晶体管和场效应晶体管来实现。

② 串联逆变器 只允许接收通过独立串行输送的信号，所以额定功率在 $1\sim3\text{kWp}$。

③ 复式串联逆变器 配备各种独立的直流-直流逆变器，这些逆变器把信号反馈给一个中央逆变装置。这样的设计可以适用于各种不同的组件连接结构，从而可以使每条串联线路上的太阳能电池都输出最大功率。

④ 交流组件逆变器 配套安装于每个光伏组件上，进而将所有组件的输出转化成交流。

并网逆变器由各种国际标准、国家标准进行规范和说明。下面是选择一个逆变器的时候需要考虑的主要因素。

① 工作效率 一些系统是专门针对不饱和负载设计的。加装了行频变压器的系统，可以保证逆变器 92% 的工作效率，而如果采用高频变压则可达到 94%，不过一般来说如果可以避免使用变压器，可以实现更高的转换效率。除了工作效率流失以外，负载能耗很低的时候生成电能的浪费也是必须考虑的。

② 安全（特别是在负载断开模式下） 例如对于独立系统，即使不连通，并网内部也有电能输入（可参阅10.6节），因而有时需要安装一个隔离变压器。类似地，针对电流过大、电涌、频率波动和电压起伏，也都需要设计专门的保护措施（《澳大利亚标准》，2002c）。

③ 能源品质 谐波成分必须要低，根据《澳大利亚标准》（2002b）规定，在整个波段上必须保证电流误差在 5% 以内，电压误差在 2% 以内。如用来保护负载和公共电网设备配件等，谐波频谱的测量范围上限可达到 50 个谐波左右，但使用高频转换的逆变器，可能在这个频带以外的范围内造成失真。波形和功率因数也必须符合电网规格。为了防止直流输入超出电网变压器的承受限度而造成断电，需要使用行频变压器而非高频变压器或无变压器的设计。因此，《澳大利亚标测》（2005）规定对于单相逆变器，其直流电流不能超过输出总量的 0.5% 或 5mA；波形必须接近 50Hz 正弦波（在美国则是 60Hz），使用的频率必须在 $(50\pm0.5)\text{Hz}$ 范围内，而功率因数必须在额定功率的 ±0.95 范围内。在澳大利亚，功率因数必须在额定功率超前 0.8 或延迟 0.95 范围内。

④ 与太阳能板兼容 在标准工作条件下，太阳能板的最大输出电压必须和逆变器标称的直流输入电压一致，太阳能电池的最大开路电压也必须在逆变器可承受的额定电压范围之内。常见的几种逆变器还会配套最大功率点跟踪器，用来控制光伏组件的工作电压（Schmid& Schmid，2003）。经常使用的几种不同的跟踪模式包括"常压"、"微调监控"和"导电性递增"，它们各有其不同的优缺点（Kang 等，2004）。

⑤ 电磁干扰 必须满足当地政府的相关技术要求。

⑥ 闪电及其他脉冲保护 必须符合当地技术规定。

⑦ 其他 需要考察的其他关键技术指标包括电气技术标准、尺寸、重量、安装和材料、针对不同天气条件的保护、接口和测量设备等。

不同逆变器的价格相差很大，尽管价格在最近几年内有所下降，但是对于最大功率小于 5kWp 的系统逆变器还是会占到造价的 20%，而对于更大规模的系统该部分开支也会接近 10% 左右。

10.3.3　能量本地存储

对于并网发电系统来说，本地存储并非不可或缺，因为它可以在白天把多余的能源卖给电网上的其他用户，然后在晚上从电网提取电能。尽管如此，在光伏系统中加装蓄电设备可以极大地提高其实际应用价值。存储器可以直接安置在光伏系统附近，一般会选择蓄电池。大型系统也可以通过泵把电力转化为水的势能，留待用电高峰期来临作以补充。

如果要作长期存储能量，其他一些技术，包括飞轮、燃料电池、超导磁体、压缩空气、冰或氢气，都是比较经济的存储方案。

(1) 蓄电池

蓄电池有着漫长的历史。铅酸蓄电池是最老也是最成熟的，可组成蓄电池组来提高容量。优点是成本低，缺点是电池寿命比较短。此后各种新型蓄电池相继研发成功，并逐渐应用于电力系统中，蓄电池储能得到广泛应用。风力发电、太阳能光伏发电中，由于发电受季节、气候影响大，发电功率随机性大，蓄电池是必备的储能装置。

(2) 抽水储能电站

在电力系统中，用抽水储能电站来大规模解决负荷峰谷差，在技术上成熟可靠，容量仅受到水库容量的限制。

抽水储能是电力系统中应用最为广泛的一种储能技术。抽水储能必须具有上、下水库，利用电力系统中多余的电能，把下水库（下池）的水抽到上水库（上池）内，以位能的方式蓄能。现在抽水储能电站的能量转换效率已经提高到了75%以上。

除蓄电池和抽水储能电站这些储能方式，新发展起来的有超导储能、飞轮储能、超级电容器储能、氢储能等。

(3) 超导储能

超导储能系统（SMES）利用由超导线制成的线圈，将电网供电励磁产生的磁场能量储存起来，在需要的时候再将储存的电能释放回电网或作为它用。超导储能主要受到运行环境的影响，即使是高温超导体也需要运行在液氮的温度下，目前技术还有待突破。有文献建立了超导储能装置在暂态电压稳定性分析中的简化数学模型。仿真结果表明，超导储能装置安装在动态负荷处，采用无功-电压控制方式能够有效地提高系统的暂态电压稳定性。

(4) 飞轮储能

飞轮储能是一个被人们普遍看好的大规模储能手段，主要源于三个技术点的突破：一是高温超导磁悬浮方面的发展，使磁悬浮轴承成为可能，这样可以让摩擦阻力减到很小，能很好地实现储能供能；二是高强度材料的出现，使飞轮能以更高的速度旋转，储存更多的能量；三是电力电子技术的进步，使能量转换、频率控制能满足电力系统稳定安全运行的要求。

(5) 超级电容器储能

超级电容器（super capacitor），又叫双电层电容器（electrical double layer capacitor）、黄金电容、法拉电容。

图10-7是一个屋顶组件及其飞轮储能系统。

本地储存系统同样可以作为对电力需求的控制手段，从而缓解用电高峰期的供电压力，同时也可以在用电高峰期对电网的电量进行补充。一个新兴市场就是用光伏系统来为用户或设备提供不间断电源（UPS），特别是对于电网供电不稳定的地区来说，可以作为已有柴油系统的备用能源供应方案，在这些应用当中可能会用到本地储存系统，但除此之外并网光伏的本地存储目前还并非主流配置。

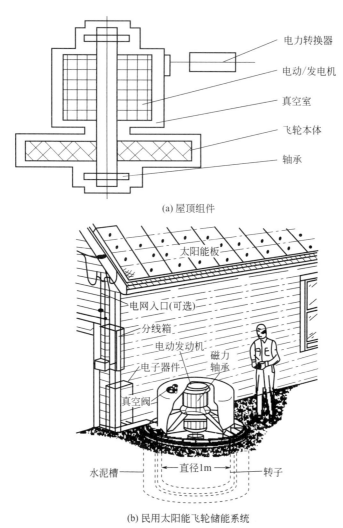

(a) 屋顶组件

(b) 民用太阳能飞轮储能系统

图 10-7 一般民居的能量存储方案

10.3.4 系统规模和经济分析

为了适合普通家庭的用电量，至少需要 2kWp 或是 $20m^2$ 的光伏电池系统，而一套大约 3～4kWp 的系统将满足大多数家庭的需要。根据房屋的设计，由于受屋顶可用面积所制约，一般最多可以安装 7kWp 或 $70m^2$ 的系统。2004 年，美国一套标准的民用太阳能板，其输出电价大概在 3.20～5.00 美元/Wp 之间，而整个并网光伏系统的造价可达到其 2 倍，对于一个用户来讲，付出的费用仍比传统电站的价格要高。2004 年，光伏并网供电的费用大概在 0.3 美元/(kW·h) 左右，这个价格是普通民用电费的 2～5 倍。太阳能电价在不同国家的差别也很大，2004 年，澳大利亚的平均光伏组件价格为 7 澳元/Wp（约合 5.3 美元/Wp），一般来说，承包商的报价也有从小型系统的 12 澳元/Wp 到大型系统的 6 澳元/Wp 的巨大差别。

根据以往的技术经验曲线显示，随着工业的成长和产量的增加，价格将会逐渐下降。虽然由这种方法推断出的结论对于不同的前提假设而言误差很大，但是这些曲线还是可以用来预测需要多久太阳能电价可以同电网电价持平。

　　为了控制最终的系统预算，有许多重要的地方需要注意改善，如简化设计、维修服务、产品的标准化、防护设备的配套和操作系统等。安装一个双向电表也可以精简系统，并且能简化收费手续。在美国，许多州要求用户使用双向电表，它在欧洲的使用也非常普遍，许多电子零售商都有这种电表供货，但就目前而言，多数设计仍为光伏组件另备一块电表。双向电表不适用于双向差异计费。

10.3.5　其他方面

　　家用光伏系统还要注意一些其他方面。

　① 外观　颜色、尺寸、形状、倾角、图案和透明度。

　② 太阳照射　树和房屋所造成的阴影随时间和季节的变化。

　③ 建筑规格　屋顶结构、安装强度、覆盖面积、光污染等。

　④ 保险　预防火灾、屋顶载重可能对电网及电网上其他用户的破坏等。

　⑤ 保养　常规和紧急维护、备用零件。

　⑥ 其他　配电变压的超载、功率因数、谐波频率、光伏直流电流与电网的隔离、紧急断路开关、接地、电表等。

　⑦ 电网合同　成本回收速度、设备使用许可、收费标准等。

10.4　最大功率跟踪 MPPT

　　太阳能是一种取之不尽、用之不竭的绿色能源，太阳能发电具有充分的清洁性、绝对的安全性、资源的相对广泛性和充足性、长寿性及易维护性等其他常规能源所不具备的优点。光伏发电虽然具有以上的优势，但是实际应用中还存在很多的问题。

　　光伏发电的主要缺点之一是太阳能电池阵列的光电转换效率太低。光伏电池在实际应用中，光电转换效率受到许多因素影响。首先 PN 结太阳能电池存在着 R_s、R_{sh} 的影响，其中，R_s 是由材料体的电阻、薄层电阻、电极接触电阻及电极本身的电阻所构成的串联电阻；R_{sh} 是在 PN 结形成的不完全部分所导致的漏电流，称为旁路电阻或漏电阻，这样构成的等效电路如图 10-8 所示。另外，还受到串联电阻和旁路电阻等的影响，导致实际转换效率很低。

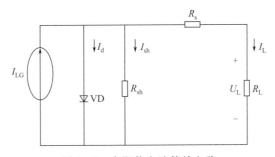

图 10-8　太阳能电池等效电路

　　为了解决上述问题，一个重要的途径就是实时调整光伏电池的工作点，进行最大功率点跟踪（MPPT），使之始终工作在最大功率点附近。目前，光伏系统的最大功率点跟踪问题已成为学术界研究的热点。

10.4.1　常用的最大功率跟踪方法

当日照强度和环境温度变化时，光伏电池输出电压和电流呈非线性关系变化，其输出功率也随之改变。而且，当光伏电池应用于不同的负载时，由于光伏电池输出阻抗与负载阻抗不匹配，也使得光伏系统输出功率降低。目前解决这一问题的有效办法是在光伏电池输出端与负载之间加入开关变换电路，利用开关变换电路对阻抗的变换原理，使得负载的等效阻抗跟随光伏电池的输出阻抗，从而使得光伏电池输出功率最大。常用的最大功率跟踪方法有：

① 功率匹配方法（Power-matching scheme）；

② 曲线拟合技术（Curve-fitting technique）；

③ 扰动观察法（Perturb-and-observe method）；

④ 导纳增量法（Incremental conductance algorithm）。

方法①需要得到太阳能阵列的输出特性，且只能应用在特定的辐射和负载条件下，故存在一定的局限性。方法②需要预先测得太阳能阵列的特性，用详细的数学函数来描述，但是，对于因寿命、温度和个别电池损坏引起的特性变化，这种方法就失效了。方法③是一个迭代过程，无需知道太阳能阵列的特性，因此是普遍使用的一种方法；其缺点是由于扰动的介入，系统工作点无法稳定在最大功率点上。方法④则解决了这一问题，其计算准确，且能很好地防止对工作点的误判，在微处理器上实现也较为简单。

从最大功率判据来看，其跟踪方法可以有以下几种。

① 输出电压不变法　即认为光伏电池输出电压在光照等条件改变时变化很小，因此只需找到某一个工作点，使得其输出电压维持在最大功率点附近。显然这种方法的误差比较大。

② 功率计算法　通过检测光伏电池输出电压和电流，从而计算得到此时的输出功率，通过与前一计算值的比较来逼近最大功率点。在这一方法中有时会加入人工神经网络、自适应调节和模糊控制等智能控制算法，用于判断功率变化趋势。神经网络用来决定 DC/DC BOOST 变换器的输出电压，从而获得光伏电池最大功率输出。一旦神经网络经过训练，就可以在专用系统中应用。利用模糊逻辑可以实现预测电流控制，即计算每个逆变器桥臂所需的导通周期，这些桥臂驱动相应的线电流在一个开关周期内达到参考值。这类方法的优点是控制方式比较直接，但是也存在计算复杂的问题。

③ 电流寻优法　这种方法大多数用在对蓄电池充电的直流发电系统。由于蓄电池电压相对维持稳定，因此只需要保证光伏电池输出电流最大即可得到最大功率输出。这一方法的优点是检测量少，但是仍然存在输出扰动问题，而且在输出端电压波动较大的时候不宜使用。

④ 纹波扰动法　也称寄生电容法，即利用开关作用产生的纹波来代替人为注入的扰动。其特点是容易测量和处理，但也存在一些不利因素：工作性能取决于信噪比。如果线路中使用了大的滤波器，这一方法将失效，而高的开关频率就意味着小的纹波，这对于工作状态的判断是不利的。工作状态的判断受到光伏电池动态特性的影响，同时也受电容的影响。

从最大功率跟踪电路来看，主要采取的电路有以下几种。

① BUCK 型电路　虽然 BUCK 电路在通常的应用中效率很高，但是在最大功率跟踪电路中却很少使用，其中一个原因是，大部分变换器要求工作在连续电流模式，并尽可能输出更多的功率。

② BOOST 型电路　这类电路得到普遍应用。

③ SEPIC 和 CUK 型电路　当这两类电路工作在非连续电感电流模式或电容电压模式时，具有同比或反向同比电阻特性，正好符合最大功率输出调节的需要。通过将一个小信号正弦畸变调制到开关信号上比较交流成分与光伏电池端电压的平均值，可以定位最大功率点。

④ 逆变器型电路 其特点是将最大功率跟踪集成在逆变器控制中实现，无需外加变换电路，限于在光伏发电逆变系统中使用。

还有的文献通过对 DC/DC 变换电路进行改进，主要是加入前馈校正环节，使变换器工作在电流模式下。这种方法具有以下优点：

① 一般以电池作为负载，仅需控制输出电感电流；

② 多个变换器可并联使用。

另外，还有文献通过硬件电路来实现最大功率跟踪，例如采用自动振荡器，对 DC/DC 变换器的一些参数（如导通周期）进行调节，以使光伏电池输出工作在最大功率点，常用的方法有电压反馈和功率反馈。

10.4.2 最大功率跟踪方法一

根据光伏输出伏安特性曲线，在最大功率点处必定有 $dP/dU = 0$，其中，P 为光伏输出功率，U 为输出电压。而作为电源，其输出功率 $P = IU$，其中 I 为输出电流。通过推导可以认为，在最大功率点处以下公式成立：

$$dI/dU = -I/U \tag{10-1}$$

因此，导纳的增量可以决定是否已经达到最大功率点，从而在该点处停止对工作点的扰动。这就避免了在最大功率点（MPP）左右振荡，且能做到快速跟踪。如果条件不成立，MPPT 工作点扰动方向可以通过 dI/dU 和 $-I/U$ 的关系来计算。

光伏电池输出改变时存在两种情况：

① 假设光照和热度等外界条件不变化时，由于负载阻抗的变化，光伏输出电压和电流关系在同一条特性曲线上变动，此时电压和电流均发生变化；

② 当外界条件发生变化时，光伏输出电压和电流关系变到另一条特性曲线上，光伏输出电压（或电流）有可能不变，而只是电流（或电压）发生变化。

因此，首先用 $U(k)-U(k-1)$ 来判断，其值等于零，则表示输出特性不变或者已转到另一条特性曲线上，此时由于电压保持不变，故只需检测电流变化即可判断功率变化方向。电流不变表示系统输出特性不变，此时维持占空比不变。电流增加，表示系统工作点朝最大功率点方向移动，此时应增加占空比以使得电流进一步增加，否则若电流降低，则减小占空比。

当 $U(k)-U(k-1)$ 不等于零时，则可以利用上述公式的条件来判断工作点落在最大功率点的左侧还是右侧，然后相应调整占空比的值。理论上，该方法最终可以在最大功率点处稳定运行，但是在数字处理上由于采样时间的存在，工作点可能会在最大功率点左右摆动，采样时间越短，摆动越小。然而，同样由于数据精度的问题，采样时间引起的摆动在一定的数据精度范围内被抵消，上述公式的条件在数值上仍有可能得到满足，系统稳定工作在最大功率点。

由于外界条件和负载条件经常发生变化，为了实现光伏电池的最大功率输出，通常利用 DC/DC 变换器来实现电源负载阻抗的平衡。BUCK 电路虽然比 BOOST 电路效率更高，但是由于光伏电池输出电压一般都比较低（12V 或 24V），而大多数负载都需要工作在更高电压等级上，所以具有电压提升功能的 BOOST 电路更多地用来作为光伏发电系统的最大功率跟踪器。当光伏电池接 BOOST 变换电路时，考虑 BOOST 电路输出负载仍为纯电阻的情况，根据 BOOST 电路对阻抗的变换原则，此时 BOOST 电路的等效输入阻抗可用式(10-2) 表示：

$$R_B = (1-D)^2 R_L' \tag{10-2}$$

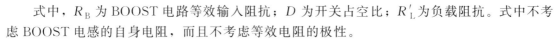

式中，R_B 为 BOOST 电路等效输入阻抗；D 为开关占空比；R'_L 为负载阻抗。式中不考虑 BOOST 电感的自身电阻，而且不考虑等效电阻的极性。

从式(10-2) 可知，开关占空比越大，BOOST 电路输入阻抗就越小。当改变 BOOST 电路开关占空比，使得其等效输入阻抗与光伏输出阻抗相匹配，则光伏电池将输出最大功率，这也是利用 BOOST 电路实现最大功率跟踪的理论依据。

10.4.3　最大功率跟踪方法二

(1) 光伏电池的特性

太阳能电池的输出特性是非线性的，受到光照强度、环境温度等因素的影响。太阳能电池的等效电路如图 10-8 所示，图 10-9 是光伏电池在不同温度下的 I-U、P-U 特性，图 10-10 为光伏电池在不同日照强度下的 I-U、P-U 特性。

从图 10-9 可以看出，太阳能电池开路电压 U_o 主要受电池温度的影响。从图 10-10 可以看出，太阳能电池短路电流 I_s 主要受日照强度的影响，而且在一定的温度和光照强度下，太阳能电池具有唯一的最大功率输出点。由于实际应用中不能保证其总是工作在最大功率点上，所以在应用中要用到 MPPT 装置，以保证太阳能电池的输出功率在最大功率点的附近。

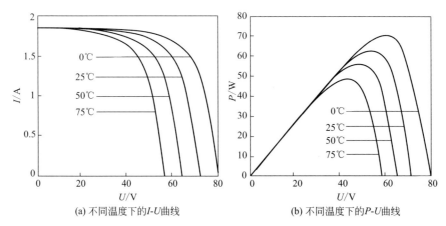

图 10-9　光伏电池在不同温度下的 I-U、P-U 特性

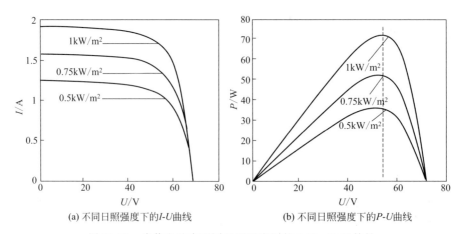

图 10-10　光伏电池在不同日照强度下的 I-U、P-U 特性

（2）MPPT 基本原理

MPPT 的实现实质上是一个动态自寻优过程，通过对阵列当前输出电压与电流的检测，得到当前阵列输出功率，再与已被存储的前一时刻功率相比较，舍小取大，再检测，再比较，如此周而复始。MPPT 控制系统的 DC/DC 变换的主电路采用 BOOST 升压电路。图 10-11 为 BOOST 变换器的主电路，电路由开关管 VT、二极管 VD、电感 L、电容 C 组成。工作原理为：在开关 VT 导通时，二极管 VD 反偏，太阳能电池阵列向电感 L 存储电能；当开关 VT 断开时，二极管导通，由电感 L 和电池阵列共同向负载充电，同时还给电容 C 充电，电感两端的电压与输入电源的电压叠加，使输出端产生高于输入端的电压。BOOST 电路输入输出的电压关系为：

$$U_o = UI / (1 - D) \tag{10-3}$$

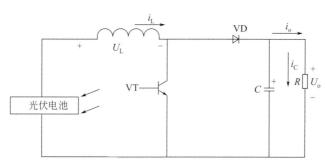

图 10-11　BOOST 变换器主电路

当 BOOST 变换器工作在电流连续条件下时，从式（10-3）可以得到其变压比仅与占空比 D 有关，而与负载无关，所以只要有合适的开路电压，通过改变 BOOST 变换器的占空比 D，就能找到与太阳能电池最大功率点相对应的 UI。

（3）MPPT 控制的实现

① 控制算法　目前实现太阳能 MPPT 常用的算法有扰动观察法（P&O）和导纳增量法（INC）。前者的算法结构简单，检测参数少，应用较普遍，但在最大功率点附近其波动较大；后者的算法波动较小，但较为复杂，跟踪过程需花费相当长的时间去执行 A/D 转换。

系统采用自适应扰动观察法，通过对扰动观察法的改进，引进一个变步长参数 $\lambda(k)$ 来解决在最大功率点附近波动大的问题，其中 $\lambda(k) = \varepsilon |\Delta P|$，式中 ε 是一个恒定的常数。自适应扰动观察法的程序流程图如图 10-12 所示。图中，e 决定了跟踪精度，$\lambda(k)$ 为占空比步长，决定功率变化的步长，η 为扰动方向控制系数，取值为 1。当 $|\Delta P| < e$ 时，认为系统已经达到最大功率点附近，$\lambda(k)$ 的值将自动调节变小来满足动态调节步长的要求。

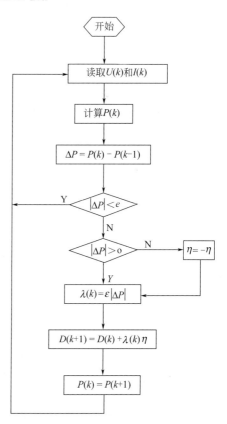

图 10-12　自适应扰动观察法流程图

② 硬件实现　控制电路使用 TMS320F2812 DSP 作为主控制芯片，其快速的运算能力、丰富的外设资源能为整个控制系统提供一个良好的平台。DSP 是整个控制系统的核心，它接受采样电路送来的模拟信号，按照控制算法对采样信号进行处理，然后产生所需要的 PWM 波形，经驱动放大后控制主电路功率开关管的通断，从而实现 MPPT。TMS320F2812 在时钟频率 150MHz 下，其时钟周期仅为 6.67ns，8 通道 16 位 PWM 脉宽调制，2×8 通道 12 位 A/D 转换模块，一次 A/D 转换最快转换周期仅为 200ns。TMS320F2812 DSP 芯片的这些特点能够满足 MPPT 控制精度和速度的要求。

采用其中两路 A/D 转换输入通道作为太阳能电池的输出电流和电压的采集通道，经过 MPPT 产生驱动 PWM 波形控制 DC/DC 开关管的导通时间，其控制的框图如图 10-13 所示。

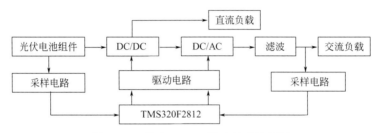

图 10-13　具有 MPPT 跟踪的系统框图

③ 软件实现　MPPT 的控制如图 10-13 所示，其功能是在中断服务模块中完成的。在主程序中主要是完成对寄存器、定时器以及 PWM 的初始化，其流程图如图 10-14 所示。

一般说来，如要提高 BOOST 电路输出电压值，就要增加占空比。BOOST 电路升压比 M 是与占空比 D 成单调上升的关系，而且在 D 大于 80% 后 M 上升加快。但是，也存在着一个极限值，当 D 值超过极限值继续上升时，M 值反而下降，这是因为电感 L 中存在寄生电阻，限制了功率向下一级传递。

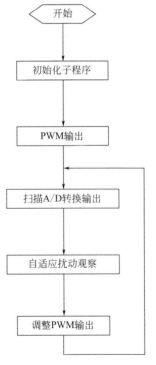

图 10-14　主程序流程图

10.5　小规模分散光伏并网系统的应用

太阳能在公共电网中的应用前景要比光伏集中供电好得多，可以通过试行一些小规模的应用项目来熟悉光伏系统的设计与使用。

(1) 馈线供电和能源补充

光伏供电可以用来缓解用电高峰期电网上的压力，从而降低超载时变压器和电线过热的可能性。使用太阳能作为能量补偿，可以减少或避免线路的维护以及分电站变压器的更换，也可以简化专门针对过载设计的额外电路。当输电量接近极限时，光伏系统能够降低输电损耗，保证光伏电压的供给，增加供能的可靠性，也会增加其自身的实际功率。和并网光伏系统自身的发电价值相比，上述优点可以使其实际使用价值提高一倍。

(2) 输电塔供电

塔高一般可达 60m，使用太阳能来维持其运行要比从地面引电线更经济。

（3）输电线路电闸

为了便于维护或优化电力分配，有时需要从电网中孤立出一部分输电线或部分电网，例如在美国，每隔 30km 就有这种电网隔离开关，许多都可以用太阳能实现控制。

（4）街道照明

经常是为了满足有关可再生能源最低使用率的相关条例，由政府采购。

（5）公共场所的通风和照明

如公园、街头便利设施等对环境质量要求较高的区域。

（6）边远地区的水泵系统

可以作为新系统安装，也可以用来升级替代风力驱动水泵系统，或取代安置输电线的高额花费。

（7）为边远地区居民提供能量

对于一些得不到电网电力供应的用户，特别是用电量小的使用者，太阳能可以成为它们重要的能源解决方案，例如一些农场或度假别墅等。

（8）电网安全

光伏系统可以为电力、天然气或石油供应网里面的监控及数据系统提供能量，或作为其备用能源方案。有时，即使用电设备就在高压线附近，安装光伏系统仍然有可能要比安装变压器来得更便宜。在美国东北部和加拿大的东南部安装的光伏保障系统，防止了 2003 年 8 月 14 日在该地区发生的连续断电事故的扩散。使用光伏系统可以有效地减少某地区的电能输送总量，这能够用来调节和减缓一些电力荷载中心区，如底特律、克里夫兰、多伦多和纽约的电力输送压力。

（9）电网能源储备

太阳能发电作为电网储备，在一些能源安全差的地方非常重要（尤其是在一些发展中国家），同时也被应用在一些电脑系统和商务楼的应急电力系统上。

（10）测绘

对于测距传感器来说，将其连接到电网上太过昂贵而且并不可靠。

随着环保问题越来越为人们所关注，太阳能技术在工程项目中的使用可能会随之增加。例如，最近的研究显示，如果将空气污染所带来的严重后果考虑进去，那么太阳能发电就会比化石能源更廉价。尽管太阳能技术的前景和利润预期非常诱人，但实施一个项目要面对许多风险，尤其是对于光伏系统这样的新技术来说，设计者缺乏足够的经验、数据和范例。这些风险包括：

① 技术风险　系统可能不能按预期运行；
② 施工风险　有可能超出预算，不能按时完工等；
③ 操作风险　当急需用电时，一旦发生故障可能会造成严重后果；
④ 政策风险　免税或政府贷款的政策可能变化，设备贬值也是需要考虑的重要因素；
⑤ 财政制约　由于以上风险可能会造成更高的费用。

在实际使用中，要想克服预期的风险来满足大多数使用者的设计要求是非常困难的。但光伏系统应用的不断增加，大大地丰富了人们的设计经验。

10.6 大容量集中光伏发电站

除了以上介绍的小型分散光伏系统以外，另一种重要的光伏应用是大规模集中供电的并网光伏电站，大型光伏电站能更好地兼容现有的电网技术规格。此类大型系统一般会配备它们自己的变电站和分电站。

太阳能电池的互连

在优化太阳能电池的连接方式时，必须考虑到电能的损耗。比如，将电池并联连接时，短路会比开路对系统造成的影响更大。表10-7给出了对于不同的连接方式，对应开路或短路电池的总功损耗，而图10-15和图10-16分别给出了电池和组件通过旁路二极管连接在功率调节装置上的连接方法，以及使用并联、分支电路和阻塞二极管的好处。

表 10-7　太阳能电池开路及短路情况下的能量损耗情况

每子串上的太阳能电池数	串联模块数	并联电池数				注解
		1	4	8	16	
20	50	0.001	0.001	0.001	0.001	1
		0.011	0.050	0.025	0.015	2
		0.012	0.051	0.026	0.016	3
10	100	0.001	0.001	0.002	0.002	4
		0.005	0.022	0.013	0.008	4
		0.006	0.023	0.015	0.010	4
5	200	0.001	0.002	0.002	0.002	
		0.003	0.010	0.007	0.004	
		0.004	0.012	0.009	0.006	
2	500	0.001	0.002	0.004	0.006	5
		0.001	0.004	0.003	0.002	5
		0.002	0.006	0.007	0.008	5

注解：1—短路损耗；2—开路损耗；3—总损耗；4—优化设计区间；5—短路时易出现的故障。

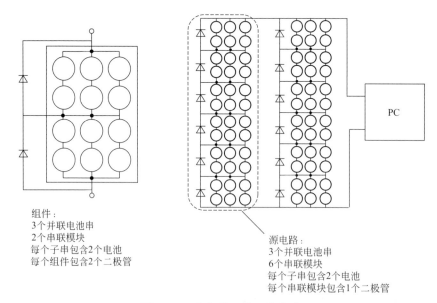

组件：
3个并联电池串
2个串联模块
每个子串包含2个电池
每个组件包含2个二极管

源电路：
3个并联电池串
6个串联模块
每个子串包含2个电池
每个串联模块包含1个二极管

图 10-15　太阳能组件电路设计

图10-16中的二极管用来防止大规模系统故障或单片电池的故障。图10-16（a）电池一旦断路，会减小输出电流；图10-16（b）增加并联与旁路的布局，可以有效降低断路对系统

的影响；图 10-16(c) 每条支路添加旁路，将出现故障的支线隔离开。使用单串电源电路和大量旁路二极管可以得到最佳系统总限。该领域的研究表明，对于大型系统的维护最有效的办法不是替换损坏的电池组件，而是设计能够承受这些故障的系统。

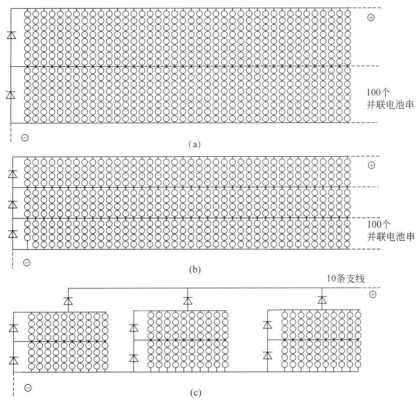

图 10-16　大型太阳能阵列可采用的连接方法

10.7　安全

对于安装在建筑物上的光伏系统或并网光伏电站来说，安全问题至关重要。

需要考虑的安全问题主要包括防火、正确布线、安置地点的选择、接地以及对气候变化，尤其是强风的防范措施。光伏组件可以根据对火灾的防护等级，分为重度、中度和轻度（Florida Solar Energy Centre，1987；Abella & Chenlo，2004）。将大型高压光伏阵列和负载直接断开，并不一定能完全解除故障，因为只要有光照太阳能板就会处于工作状态。业界在对系统的直流保护方面一直存在争议，各国的行业标准也不尽相同。在欧洲，光伏组件和逆变器一般不用接地，但在美国则必须接地。市场上现有的光伏产品遵循各国不同的设计规范。

10.7.1　《澳大利亚标准》指出的安全问题

(1) 阻塞二极管和过流器件

和一般发电设备相同，光伏系统必须内置防电流过载的控制器件，可以用阻塞二极管和过流器件（如断路器和电熔丝）来保护光伏组件。阻塞二极管是用来防止大电流接地短路的，而过流装置则可以在阻塞二极管失效时提供熔断保护。阻塞二极管不能取代过流器，属于非强制部件，学习情境六中讨论过的相关内容也适用于并网系统当中。

（2）阵列放电

如图 10-17 所示，光伏阵列的一个开路高压支路能够产生高于 70V 的高压，这样的高压足以激起电弧，甚至可持续数小时之久。此类问题可以通过搭接冗余连接来解决，以防止电路开路和电池并联等一系列派生问题。

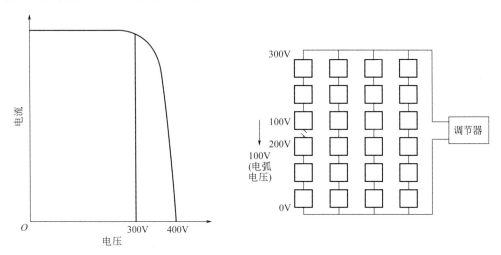

图 10-17　太阳能电池的高压可以在断路时激发电弧

（3）接地

光伏系统中的许多设备要求接地以防触电。

● 支架接地　一旦系统接地发生故障，可能导致支架导通电压，因此组件支架必须接地。

● 电路接地　防止电池电压偏离接地电压太多，从而导致绝缘层被击穿的危险。一般可以在终端电压点或者电压中值点接地。

其他国家行业规范的更多细节，可参照当地有关设计标准。

10.7.2　孤岛效应

"孤岛效应"指在电网失电情况下，发电设备仍作为孤立电源对负载供电的现象。"孤岛效应"对设备和人员的安全存在重大隐患，体现在以下两方面：一方面是当检修人员停止电网的供电，并对电力线路和电力设备进行检修时，若并网太阳能电站的逆变器仍继续供电，会造成检修人员伤亡事故；另一方面，当因电网故障造成停电时，若并网逆变器仍继续供电，一旦电网恢复供电，电网电压和并网逆变器的输出电压在相位上可能存在较大差异，会在这一瞬间产生很大的冲击电流，从而损坏设备。

想要控制孤岛效应有两种基本方法，即通过逆变器调节或是通过电网调节。逆变器可以用来检测电网上电压、频率或谐频的变化，也可以监控电网的阻抗。在德国业界，对于 5kW 以下的单相并网光伏系统，推荐同时安装两个独立开关，其中一套开关系统须使用机械开关触发（如继电器等），专门用来监控电网阻抗和频率。

近期有研究表明，少量光伏电能进入电网并不会造成孤岛效应。尽管目前电网中的光伏发电仍然较少，但是随着未来太阳能板的普及，电网中必须采取相应的主动保护措施，因为被动保护措施在隔离电网内功率输入/输出相平衡时无法奏效。另外，如果电网中存在大量逆变器相互干扰、感应，也可能会导致严重后果。

各国光伏系统标准都专门针对孤岛效应给出了一系列防范措施，在所有设备的设计和安装过程中都必须考虑这些要求，除非逆变器在脱离电网以后可以自动断电，或者系统内装有电流绝缘开关（如变压器等，半导体开关亦可），否则用户必须要安装一个由机械开关触发的电网断开装置。因为电网上的多个逆变器会互相提供频率和电压，所以要同时准备主动与被动两套故障预防措施，允许使用的主动预防措施包括频率调整、频率扰乱、功率调整和电流注入等。而被动防护器件则首先感应频率和电压的变化，然后再做出调整，系统必须在孤岛效应发生的 2s 内断开。

10.8 光伏发电的价值

按照受益个体来分析，太阳能发电的价值主要体现在以下几个方面：
① 全球价值 优化资本利用，提高环境质量，抑制气候变化，增加能源多样性等；
② 社会价值 对当地财政、制造业、就业率、能源成本、能源保障、贸易平衡、基础设施等都有益处；
③ 用户价值 增加房产价值，减少电费开销，提高能源独立性；
④ 公共价值 补充高峰时段的用电需求，满足针对可持续能源最低使用率的相关条款等。
下面将就电网中使用太阳能的好处进行讨论。

10.8.1 太阳能应用收益

太阳能发电在电网中的价值和当地电力需求高峰期出现的时间有很大关联，光伏电能在用电高峰时段所创造的价值可达平时的 3～4 倍，因此，光伏系统非常适用于夏季用电量较高的地区。在澳大利亚，夏季的高峰用电量正逐渐超过冬天。在美国和其他一些地方也出现了此类情况。2004 年的澳大利亚能源白皮书指出了太阳能发电在夏季电力高峰期的重要意义，并且提出了建设"太阳城市"的计划。由于受空调使用的影响，夏季电力负载急速增加。电网基础设施的使用效率也相应地降低了，在阿德莱德的一个区，一天中一半以上的电能在 5% 的时间内被消耗殆尽。随着光伏发电的普及，它可以配合负载管理、燃气轮机、煤渣循环利用、水力发电等项目，共同作为用电高峰期的供电解决方案。今后压缩空气或存储冰块技术的发展，也有可能作为储能设备应用在光伏系统上。

来自美国的一份并网光伏分析报告指出，市场需要以每年 28 美元/kW 的价格来弥补光伏维持电力高峰期供电的边际成本。该报告还指出在 1993～1994 财政年度中，一个额定最大 500kWp 的太阳能电站可以将下午 4 点电力负荷峰值降低 430kW，除此之外光伏发电还帮助降低了变压器的温度，因而提高了其在负载高峰期的工作容量，如图 10-18 所示。

虽然电力负载高峰时段（很大程度上由空调的使用而决定）一般会和太阳能发电的高峰时段相吻合，但是民用电力的高峰期总是晚于日光辐射最强的时段，或是在日落后才出现。有学者指出太阳能板应该面西，以便能够将能量输出的高峰期和夏天的电力需求峰值对应起来（Watt 等，2003）。当然，这种设计方法减少了年均电能产出，但是也优化了太阳能发电在电网中的作用，确实能够有效地提高其能源收益。

有趣的是一些安装太阳能系统的用户会变得更节省，用电习惯也更趋于理性。因此太阳能发电的价值也体现在改变能源管理的方法上。

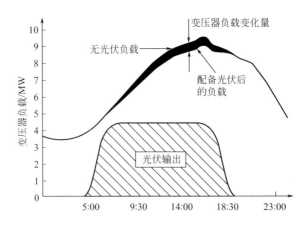

图 10-18 某电力系统的变压器负载量与光伏输出

10.8.2 电源使用可靠性

产能信用度这个概念是基于电网满足客户要求的统计概率而定义的。

在用电高峰时段，和热电站一样（由于强制停电或者断电维护），光伏电站也有一定概率无法满足电网需求（一般是由于缺乏光照），在一些实例中，峰值期的供电状况与常规设备非常相似，所以可以使用相同的产能信用度来对光伏电站进行评估。

一般来说，在冬季晚间的用电高峰时段，光伏电站基本无法为电网提供能量，因此除非安装专用储电设备，光伏电站在整个冬季的产能信用度都不会太高。然而，尽管很多地区的电网用电量会在冬季达到峰值，但是在夏季也会有用电高峰期出现，尤其是目前空调的迅速普及，使得夏季用电开始有超过冬季的趋势，光伏电站的价值也随之增加。除此之外，迅速增长的商业用电需求，使一天中的用电高峰时段向白天转移，这非常适合太阳能电站的工作时段。

10.8.3 光伏系统的距离优势

光伏系统具有小型模块化的特点，因此并不一定要作为光伏电站集中供电，也可以极大量地分散安装到民居、社区和商用建筑物上。除了前面提到的能源和产能信用度的优点之外，太阳能发电当然也可以起到改善电网分布的功效。例如减缓了变压器、导线和电路设备升级的压力，减少了传输、配电或变压中的能耗，增加了稳定性，而且在特殊需要时也可以提供无功功率（kvar）支持。即使仅计量系统在能源和产能信用度上的受益，这种配电布局的优势也足以使太阳能发电的实际价值增倍。在美国亚利桑那州的一项研究表明，恰当安装的光伏系统每年可创造约 700 美元/kW 的额外价值。在美国内华达州，如果将诸如以上的全部外界因素一起考虑进来，前面讨论的太阳能发电的盈亏平衡点将由 2.36 美元/Wp 提高到 3.96 美元/Wp。另一项针对加利福尼亚州的研究报告估计，利用太阳能发电所带来的效益总值约为每年 293～424 美元/Wp。

光伏发电经常在热负荷接近超载的时候体现出其分布上的优越性。比如，在夏天的时候，配电变压器或电线的发热量会随着终端用户需求的不断增加而逼近其极限。一般的解决方法是增加一条电线或者对基础设施进行升级，但此方法费用较大。另一种更好的办法，是把光伏系统增加到线路中去，如图 10-19 所示。

本地化的发电模式，使得通过电线来传送的电能的总量被减少，并且延长了设备使用寿

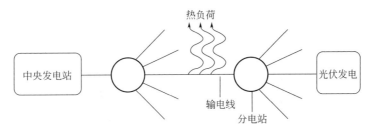

图 10-19　太阳能发电时降低电网热负荷

命。除此之外，减小流过变压器的电流会降低其温度，进而使变压器在更高峰值出现的时候能导通更大的电流，而不会有过热的危险。

太阳能发电还可以被用来管理用电需求，这对公共电网和消费者来说都有好处。例如，在用电量较大的建筑物屋顶上安装光伏系统，就可以有效降低其在用电高峰期对电网供电的依赖。目前，照明占商业和轻工业建筑物用电量的 40%，而使用太阳能发电则不失为一个辅助解决夏季供电问题的简单可行的方法。

随着太阳能发电为越来越多的人所接受，其设计方案日益成熟，量产化优势逐渐体现，使得这种分布式供电概念变得更具有吸引力。现在公共电网中，成本控制同时也依赖于诸如发电站安置、输电线能量损耗、设备升级成本和可靠性等。中心发电站因此可以配合小型模块式、综合规划布局和分散式的发电设备，以提高整个电网的可持续性、总体效率、能源分配和客户服务质量。中心发电站进而可以为电网用户提供最合适的能源供给方案，而客户同时也将得到更可靠、更优质的电力供应。太阳能电站还能够满足客户多种多样的用电要求，例如直流供应、负载管理和能量储蓄等。使用太阳能发电一般需要专用的电表和特制的付费方案。

我们需要重新设计公共用电系统的规划工具来评估这些全新概念，同时也需要审查以下议题：

- 可再生资源的环境、社会和其他外在价值；
- 能源多样化的优越性；
- 由于使用了本地化能源而为发电站的投资降低的风险；
- 可以将大规模系统改造分解为小型项目来执行，进而降低的风险；
- 安装成本增加（如设备和人工费用的增加，附加配套设施等）；
- 随着光伏系统的普及以及规模化使用所带来的环境问题、通信信号干扰或其他问题而阻碍了它的进一步推广；
- 政府津贴、有关条例和优惠税制可能变化。

10.8.4　实例：加利福尼亚，科尔曼配电主线 1103

太平洋燃气电力公司是美国加州的主要能源企业之一，该公司对其电网内相关的光伏系统做了调查，他们从电网中选取了一段（即"科尔曼配电支线 1103"）加以分析，以此来评估加装一组 500kW 的光伏系统在技术和经济上可能造成的影响。科尔曼电站自 1993年 6 月起开始投入商业运营，其建造成本为 12.34 美元/Wp（光伏组件造价 9 美元/Wp，其他配件花费 3.34 美元/Wp）。此成本中大约 1.14 美元/Wp 的部分是由于试验目的造成的额外开销。

图 10-20 显示科尔曼光伏系统的月度能量输出和性能比（即实际能量输出除以理想能量

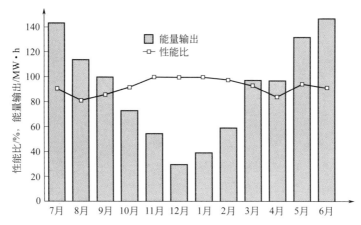

图 10-20　科尔曼配电支线 1103 的月度太阳能能量输出及性能比

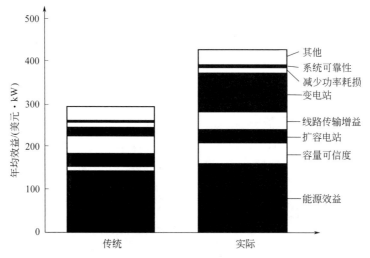

图 10-21　科尔曼电站 1995 年使用光伏后的经济效益对比

输出所得的比值），其中某些月份的性能比数值较低是由于逆变器故障造成的。专家评估了 1995 年光伏系统的经济效益，结果如图 10-21 所示。

总体来说，这套系统的优点可以归结如下。

• 能源效益：无需使用传统燃料所带来的能源效益，约折合 143～157（美元/kW）/年。

• 产能信用度：避免为增加电网容量而额外花费的成本，提高了产能信用度，折合约 12～53（美元/kW）/年。

• 线路功率损耗：由于能量传递总量的下降，减少了线路功率损耗 58500kW/年和无功功率 350kvar，节约了 14～15（美元/kW）/年。

• 变电站维护：通过降低变压器（10.5MV·A）的峰值温度，延长了其使用寿命 [89（美元/kW）/年]。另外，也由于减少了电路中抽头转换开关的维护，降低了变电站维护成本。总计约合 99（美元/kW）/年。

• 线路传输增益：线路传输增益在概念上类似于产能信用度，主要体现在电网布局、维护上的改善和成本节约等方面，其价值为 45（美元/kW）/年。

• 系统可靠性：太阳能发电有助于在停电之后的快速恢复供电。对于公共电网系统来说，改进了系统可靠性的价值计约 4 美元/年，而对于用户来说其挽回的损失则不可估量。可靠性提高的同时也会面对设备升级与更新的紧迫性。

• 环境效益：由于使用太阳能这种清洁能源，每年可减少 155t 二氧化碳排放和 0.5t 氧化氮排放。其环境价值约合 31～34(美元/kW)/年。

• 减小负载要求：省去了为配合用电高峰而扩容电站的边际开支，价值 28(美元/kW)/年。

10.9 国际光伏市场

10.9.1 美国市场

在 20 世纪 70～80 年代间，美国能源部首次实施了一个家用负载监控项目，以此来对当时的民用光伏应用做调查和论证。该项目针对不同地区的家用光伏系统进行评价，提供技术资料，建造并监控独立太阳能发电系统，并评估并网太阳能发电对电网产生的影响，如图 10-22 所示。

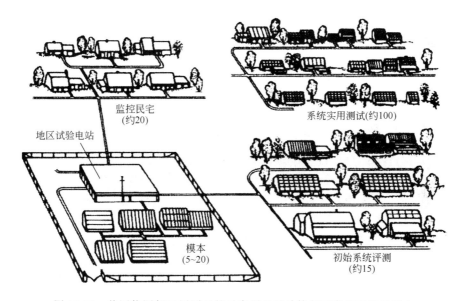

图 10-22 美国能源部民用项目的示意图此设计算制了商用系统的根本

此项目后来被"阳光 2000"工程所取代。人们预计新的项目能够有效促进光伏技术的市场竞争力，并将全美装机总容量由 1991 年的 50MW 增加到 1995～2000 年的 200～1000MW，远期达到 2010～2030 年的 50000MW。事实上到 2001 年底的光伏发电能力只有 167.8MW，这距离目标相去甚远。不过，美国许多其他太阳能项目取得了成功，如光伏事业集团（UPVG）的主要目标是培养用户对清洁能源的认识，并通过联合大规模采购来降低单位成本，它从 1993 年开始的 5 年之内安装了 50MW 性价比合理、技术领先的太阳能设备。

美国国家可再生能源实验室的太阳能计划，其主体主要对安装在屋顶、窗口、民用及商用建筑的光伏应用提供支持。

太阳能计划为公众展示了太阳能发电在公共电网中的作用。到 1991 年，九个使用全新技术的 20kW 光伏系统，外加两个 200kW，以及一个 400kW 的系统通过了测试，运行期间固定太阳能板的平均产能利用率为 21%（在 10%～30%之间浮动），而配备双轴跟踪系统的利用率则可达到 30%。

10.9.2　日本市场

日本的政府援助计划，使得日本目前在全球光伏设备生产和销售方面处于绝对领先地位。自 1974 年"日光计划"实施以来，日本的太阳能市场已经迅速从研发阶段转向大规模光伏发电应用阶段，市场推广的重点被放在并网发电系统，特别是住宅屋顶系统上。并网光伏系统的普及，可以最大限度地利用日本完善的电网分布，并且大大节省了土地的使用。1992 年引进了净流电表，要求电力公司以高电价回购散户的过剩电能。

1994 年开始的太阳能屋顶计划，已经成为了日本国内光伏市场主要的驱动力。到 2004 年 3 月，15000 个平均最大额定功率 3.7kW 的屋顶系统已经获得政府援助批准，在整个计划实施过程中，部分财政补贴已经由 1994 年的 50%逐步下降到 2002 年的 12%，但是购买者可以通过期间光伏设备价格的下降得到补偿。在 1994 年和 2004 年之间，光伏发电安装总量累计达到 420MW。自 1992 年起，日本的光伏系统安装量以平均每年超过 42%速度增长，尽管仍有许多地方政府提供光伏补助，但是津贴已经逐步地被强制可再生能源目标和"绿色能源"政策所代替，日本现在已经着手实施另一个 30 年计划，目标是到 2030 年达到 1000 亿瓦，届时太阳能发电量将占日本电力供应的 10%，同时还将其成本目标定为 7 日元/(kW·h) [2003 年的光伏发电成本是 50 日元/(kW·h)]。

10.9.3　欧洲市场

在 1993～2003 年这十年间，欧洲成为继日本之后的第二大光伏市场，在生产和销售上都经历了爆炸性的增长，相关机构列出了奥地利、比利时、丹麦、芬兰、法国、德国、意大利、卢森堡、荷兰、葡萄牙、西班牙和英国对太阳能生产和投资的鼓励及援助政策。

瑞士曾计划冻结核能 10 年的开发使用，以此来帮助培育新能源市场。该国于 1987 年开始了一项光伏研发计划，随后对一个 3kWp 的标准系统进行了测试。1988 年，安装了 10 组 3kW 的光伏系统，该系统配有一个专门设计的 3kW 高效逆变器，当时的电力公司已经开始对光伏用户提供一对一的供电与回购方案了。到 1990 年，系统安装已经突破 100 套。

瑞士实施太阳能计划的主要目标之一是减少光伏对土地的使用量。因此，除了尽可能利用屋顶面积以外，政府在高速公路的隔音幕墙上也安置了不少太阳能板，这一举措直接地向公众展示了科技的力量。这一设计进而被广泛地推广到欧洲其他国家和地区。瑞士新出台的援助政策极大地方便了消费者投资。

奥地利于 1992 年开始了一项"200kW 光伏屋顶计划"。政府向 3.6kWp 以下的建筑一体化并网光伏系统提供财政补贴，不久，该国正式开始实施新的保护性电价计费标准。

德国推广太阳能的鼓励政策是全欧洲最具成效的。德国于 1991 年开始了"千房示范工程"，而 2000 年则开始实施更大规模的"十万屋顶工程"。在德国购买太阳能板可以享受低息贷款，此政策随后在 2004 年出台的"可再生能源法"中得到了修正与立法保护。这项法律规定了回购电价，从而确保太阳能用户可以通过向电网卖电的方式来补偿其安装系统时所付出的高额开支，回购电价从 2006 年开始以每年 6.5% 的速度逐年降低。该项政策促使屋顶光伏系统得到了飞速的增长，在其实施的几年中也诞生了一批超大规模的太阳能电站。到 2004 年，由于意识到可利用的大面积屋顶颇为有限，也是出于量产节约效应的考虑，德国的投资者开始越来越倾向于建造集中式太阳能电站。

西班牙在 1998 年设立了与德国类似的购电法案，然而，电力公司保留了自行设置高额初装费用的权利，而且用户向电网卖电时需要以企业名义注册。这重重阻碍抑制了西班牙光伏市场的成长。2004 年年初，西班牙批准了此计划的修订草案，新政策虽然由于分配资金有限而饱受批评，但它的出台仍对整个行业起到了巨大的推动作用。

意大利的光伏屋顶计划始于 2001 年，但是逐渐演变成地区政绩和官僚主义的牺牲品，3 年内仅安装了 2MW 的设备。一项参考德国和欧洲其他国家成功经验的新购电法于 2004 年末开始实施。

欧盟于 2005 年起实施一个统一的新能源发展计划。在此之前，欧洲每一个国家都有不同的政策与条例。

10.9.4　印度

当大多数发展中国家仍在使用小型独立光伏系统时，印度已经成立了一个农村电气化普及委员会，该机构的目标是帮助印度 2 万多个偏远村庄到 2012 年能够用上可再生能源和混合能源系统供应的电力。2003 年实行的电力法为可再生能源的使用做出了分类说明，鼓励个人和集体对新能源投资，从而为农村电气化的普及工作提供了有力保障。

卡尔扬普地区最早安装了一个 100kW 的微型并网光伏发电系统，当时的造价约为 150 万美元，它为 500 个家庭、40 条街道的照明设备和 15 个水泵供电，村民每月缴付一次电费，主要用于照明。

印度政府也对并网光伏电站提供财政补贴，以增加太阳能发电的产能，并降低其制造成本。印度的并网光伏发电量居于世界第五位，已有几个主要的光伏建筑一体化（BIPV）工程被安置于大型办公楼和政府机关建筑物上，而另一项光伏建筑一体化示范工程正在建造中。2003 年印度已成为世界上第五大光伏组件生产国，拥有 60 个大型零件制造商，还有许多大规模研究机构、示范工程和市场发展计划。

10.9.5　中国

2009 年 12 月 26 日，十一届全国人大常委会第 12 次会议表决通过了《中华人民共和国可再生能源法修正案》。2010 年，江苏光伏产业境外投资加快，经该省核准光伏产业境外投资项目共 20 个，中方协议投资 3.74 亿美元，占全省同期境外投资总额的 17.2%。其中，光伏电站建设运营项目 8 个，平均投资规模达 4452 万美元，分别是江苏综艺太阳能电力股份有限公司在意大利和开曼群岛设立的 5 家光伏电站建设运营项目，金智科技分别在美国和保加利亚设立的 2 家光伏电站建设运营项目，常州中弘光伏有限公司在德国设立的环球光伏能源有限公司项目。中国对电力有巨大的需求，特别是在西部省份，安装村庄小型电网系统可以有效地补充能源缺口。2002~2003 年间，800 多个村庄配备了太阳能发电设备，总装机容量为 19MW，最大的系统额定发电功率达到 150kW。太阳能技术也能够广泛地应用于移动电话网络、市波中转站、光纤和火车信号等方面。

2010 年 11 月 8 日，中国天津滨海高新区管委会表示，滨海高新区将建设世界级新能源产业集群。滨海高新区新能源产业未来发展将围绕太阳能发电、风力发电、太阳能电池和 LED 等四大板块，健全产业配套体系和产业服务体系，从而形成完善的产业链。滨海高新区建设的新能源产业集群，龙头企业与配套企业相结合，形成高效、良性的产业结构，推动滨海高新区建设世界级新能源产业集群。

2011 年 1 月 13 日，56kWp 太阳能建筑一体化并网示范光伏发电系统项目通过竣工验收。项目位于贵州省贵阳市金阳新区高新技术开发区，总投资 200 万元，运营期内平均年上网电量为 39462.6kW·h，等效满负荷利用小时为 704.7h，25 年的总发电量为 986565kW·h。该项目于 2010 年 10 月 3 日开工建设，11 月 25 日建成，12 月 27 日 11：00 完成 72 小时试运行，2011 年 1 月 13 日通过了竣工验收。

"十二五"期间，碳强度、非化石能源所占比重等都成为"十二五"规划中的约束性指标，以确保实现碳强度到 2020 年降低 40％～45％的目标。太阳能专家预测，这些指标将有大部分比例被分配到有着"可替代能源之星"称号的太阳能行业，这就预示了未来太阳能企业将在国家节能减排工作中扮演更加重要的角色，承担更重的责任。所以，强调质量与品质、重视品牌与技术，都将促进太阳能行业"十二五"发展战略的顺利实施。

小知识

（1）中国的"太阳能屋顶计划"

2009 年 3 月 23 日财政部联合住房城乡建设部发布了《太阳能光电建筑应用财政补助资金管理暂行办法》《关于加快推进太阳能光电建筑应用的实施意见》，支持开展光电建筑应用示范，实施"太阳能屋顶计划"，城市光电建筑一体化应用，对农村及偏远地区建筑光电利用等给予定额补助。2009 年补助标准原则上定为每瓦补贴 20 元。

（2）金太阳工程

2009 年 7 月 21 日，财政部、科技部、国家能源局联合发布了《关于实施金太阳示范工程的通知》，决定综合采取财政补助、科技支持和市场拉动方式，加快国内光伏发电的产业化和规模化发展。三部委计划在 2～3 年内投入约 100 亿元财政资金，重点扶持单个光伏发电项目装机容量不低于 300kWp、建设周期原则上不超过 1 年、运行期不少于 20 年的并网光伏项目，原则上按光伏发电系统及其配套输配电工程总投资的 50％给予补助；其中偏远无电地区的独立光伏发电系统按总投资的 70％给予补助；对于光伏发电关键技术产业化和基础能力建设项目，主要通过贴息和补助的方式给予支持。

10.9.6　澳大利亚

自 20 世纪 80 年代中期以来，澳大利亚实施了一系列可再生能源授助计划，这些计划在各州有所不同，并且通常都将工作重点放在离网太阳能应用上。到 2003 年，"偏远地区可再生能源电力计划"扶持安装的光伏系统已超过 2MW。

"光伏屋顶计划"自 2000 年开始运作，对并网和独立屋顶系统提供经济担助。其目标是发展光伏建筑一体化技术，以及完善太阳能板的安装技术。无论是居民住宅还是社区建筑都可以得到补助。该项目到 2004 年已安装超过 5000 套光伏系统，新增发电能力超过 6 MW。这是该国第一次设立专门针对并网光伏发电的财政补助，州政府和电力公司对在学校使用的太阳能系统还有进一步的政策扶持，同时还会为这些学校提供相应的教育资料。

2000 年悉尼奥运会提出了绿色奥运的概念，政府对可持续性能源的赞助也非常慷慨，奥运村附近建立了超过 600 套可持续能源房屋，其中的一部分在运动员使用完以后被出售成为私有住宅，每套建筑配备有 1kW 的太阳能板。在奥林匹克综合区也设计自备了几套太阳能发电系统，包括安装在一处特大拱顶上的 70kW 光伏阵列、几组光伏电泵系统和主体育场外的一套太阳能照明系统，其独特的蓝色光伏照明塔已经成为该体育场的象征。以上项目中的许多都是由电力供应商为其绿色能源用户安装的。

　　一个面向并网用户的"可再生能源目标（MRET）"于 2001 年开始进行推广，到 2010 年，澳大利亚每年必须保证总计为 95000 亿瓦时的可再生能源电力供应，其中也包括之前安装的系统，以及大型水力发电站。此级别的可再生能源发电量要持续到 2020 年。该项目会为每 100 万瓦的清洁能源开具一个可再生能源认证（REC），此证书适用于小型光伏系统，例如住宅等。由于最初的认证期只有 5 年，因此到目前为止，MRET 对光伏销售的影响还很小，但是，此项认证被延长到 15 年，很可能会大大推动太阳能市场的发展。已有学者对 MRET 的细节，诸如法律背景和操作方面等做了调查总结。

　　澳大利亚新南威尔士州可持续能源发展署在 1997 年开始倡导绿色能源定价计划，电力曾经发售到其他州。电力零售商须提供各种供电方案，例如保证光伏及其他可再生能源在绿色能源用户电力消费中必须占一定比例等，公共电网事业也为绿色电力用户安装了许多大型的太阳能发电系统，包括前面提到的奥林匹克公园光伏设施等。在新南威尔士州的辛格莱顿安装有澳大利亚能源集团的 400kWp 光伏系统，在达博的西部平原动物园和昆比扬也备有 50 kW 的光伏系统，由乡村能源公司设计安装。

　　2004 年澳大利亚政府公布了"太阳能计划"，其主要目的在于评测指定地区内太阳能板和太阳能热水器的工作状况，特别是监控系统在夏季用电高峰期间的能源效率。

习题 10

1. 　（a）概述目前市场上的光伏应用情况，并解释为什么光伏发电既是可持续性发展的技术又是最经济的技术之一？

　　（b）未来的光伏市场和应用将会发生什么变化？应对这些新的市场，光伏产品需做哪些相应的调整？

2. 　（a）以图表的形式，借助电源电路、平行线路、串联组件和分支电路的概念解释光伏系统的连接方式。

　　（b）假设在一套大型系统中每个串联组件都配有一个旁路二极管，试解释为什么减少分支电路中电池的数量，可以防止电池组在互连开路的情况下停止工作？

　　（c）试说明为何使用多电源的光伏电路不易造成大量电流接地短路的事故？

　　（d）解释在大型多电源并联高压光伏系统中，当两个串联组件连接处出现开路时电弧是如何产生的？

3. 　任选一个国家，论该国社会基础设施管理者（如发电站和电网、电讯、铁路和供水）对太阳能应用的态度，如何才能切实可行地推广太阳能的应用？

4. 　列举住宅并网光伏系统的主要部件，并讨论使用太阳能在这种应用中的意义。

参考文献

[1] 王长贵，王斯成.太阳能光伏发电实用技术.北京：化学工业出版社，2010.

[2] [澳] 韦纳姆等.应用光伏学.狄大卫等译.上海：上海交通大学出版社，2008.

[3] 顾晓清.半导体器件物理.北京：机械工业出版社，2008.

[4] 刘恩科.半导体物理学.北京：电子工业出版社，2010.

[5] 熊绍珍，朱美芳.太阳能电池基础与应用.北京：科学出版社，2009.

[6] 杨金焕，于化丛，葛亮.太阳能光伏发电实用技术.北京：电子工业出版社，2010.

[7] 赵争鸣.太阳能光伏发电及其应用.北京：科学出版社，2005.

[8] 谢建，马勇刚.太阳能光伏发电工程实用技术.北京：化学工业出版社，2010.

[9] 罗运俊，何辛年，王长贵.太阳能利用技术.北京：化学工业出版社，2005.

[10] 周志敏，纪爱华.太阳能光伏发电系统设计与应用实例.北京：电子工业出版社，2010.

[11] [日] 滨川圭弘.太阳能光伏电池及其应用.张红梅译.北京：科学出版社，2008.

[12] [印] 派特.风能与太阳能发电系统：设计、分析与运行.姜齐荣，张春朋，李虹译.北京：机械工业出版社，2008.

[13] Standard solar constant and air mass zero solar spectral irradiance tables [s] //ASTM，2000：E490-00.

[14] GJB 150.7—86 军用设备环境试验方法，太阳辐射试验

[15] GB 4797.4—1989 电工电子产品自然环境条件，太阳辐射与温度

[16] GB/T 2423.24—1995 电工电子产品环境试验

[17] 张利.太阳能电池的研究 [D][硕士学位论文].保定：华北电力大学，2008.

[18] 曹仁贤.光伏发电并网之研究.新能源，1997，12.

[19] 赵晖，康宏伟，王颂锋，郑君，殷德生.大型光伏电站的并网运行.新能源，1997，1.

[20] 程荣香.光伏泵和滴灌系统的联合应用.新能源，1997，10.

[21] 艾斌，杨洪兴，沈辉等.风光互补发电系统的优化设计Ⅱ匹配设计实例 [J].太阳能学报，2003，24（5）：718～723.

[22] 李传统.新能源与可再生能源技术 [M].南京：东南大学出版社，2005.

[23] 许洪华.西藏 4kW 风光互补发电系统优化设计 [J].太阳能学报，1998，7：225～230.

[24] 朱芳，王培红.风能与太阳能光伏互补发电应用及其优化 [J].上海电力，2009，1：23～26.

[25] 张东风.离网型风光互补发电系统的匹配与效益分析——以金湖县宝应湖为例 [D][硕士学位论文].南京：南京农业大学，2006.

[26] 周庆申，孔德龙，华寿南.光伏系统的储能铅酸蓄电池.通信电源学术研讨会论文集.管理维护.2010，242～252.

[27] 赵明智，刘志璋，王平，张庆祝.户用光伏发电系统在内蒙古偏远地区推广应用的对比分析.可再生能源.2010，28（1）：137～140.

[28] 董文娟，马胜红，陈东兵等.中德财政合作项目西部村落光伏电站运行情况及性能分析.可再生能源.2007，25（4）：83～87.

［29］ 赵富鑫，魏彦章.太阳电池及其应用.北京：国防工业出版社，1985.

［30］ 黄锡坚.硅太阳电池及其应用.北京：中国铁道出版社，1985.

［31］ ［美］理查德.实用光伏技术.乔幼筠译.北京：航空工业出版社，1988.

［32］ ［日］过高辉.太阳能电池.权荣硕译.北京：机械工业出版社，1989.

［33］ ［日］高桥清等.太阳光发电.田小平等译.北京：新时代出版社，1987.

［34］ ［澳］格林.太阳电池.李秀文等译.北京：电子工业出版社，1987.

［35］ ［沙特］A.A.M.赛义夫.太阳能工程.徐任学译.北京：科学出版社，1984.